BIM 项目经理认证丛书

BIM 运维管理

糜德治　张江波　主编

U0270998

化学工业出版社
·北京·

内 容 简 介

本书系统解读了运维管理的理念、BIM 技术在运维管理中的核心价值、BIM 运维管理的核心技术等内容。对 BIM 在设施管理、资产管理、维护管理、能源管理等不同应用场景的特点、管理方法、实施策略进行论述，并对运维阶段管理绩效的评价方法、指标及评价实施流程做了详细介绍，提出 BIM 运维的管理策略，提出管理过程中可能存在的风险。还介绍了 BIM 与 FM 的数据传递方法及相关标准，对如何利用 COBie 标准在建设阶段向运营阶段移交的过程中实现数据流转，从而支撑后续运维管理工作做出了详细介绍。

本书可作为房地产、工程管理、物业管理、建筑设计、土木工程类专业的课程教材，也可作为设施设备运维管理相关专业人员的参考资料。

图书在版编目（CIP）数据

BIM 运维管理 / 糜德治，张江波主编. —北京：化学工业出版社，2021.11（2023.9重印）
（BIM 项目经理认证丛书）
ISBN 978-7-122-39829-1

Ⅰ. ①B…　Ⅱ. ①糜…②张…　Ⅲ. ①建筑工程－项目管理－信息化建设－应用软件　Ⅳ. ① TU71-39

中国版本图书馆 CIP 数据核字（2021）第 176632 号

责任编辑：邢启壮　吕佳丽　　　　　　装帧设计：王晓宇
责任校对：张雨彤

出版发行：化学工业出版社（北京市东城区青年湖南街 13 号　邮政编码 100011）
印　　装：北京科印技术咨询服务有限公司数码印刷分部
787mm×1092mm　1/16　印张 13¾　字数 290 千字　2023 年 9 月北京第 1 版第 2 次印刷

购书咨询：010-64518888　　　　　　售后服务：010-64518899
网　　址：http://www.cip.com.cn
凡购买本书，如有缺损质量问题，本社销售中心负责调换。

定　　价：68.00 元

《 BIM 运维管理 》编写委员会名单

主　编：糜德治　　　上海市中医医院
　　　　张江波　　　汉宁天际工程咨询有限公司

副主编：张志毅　　　上海市中医医院
　　　　高腾飞　　　深圳市明咨物联科技有限公司
　　　　李兆君　　　滁州市滁宁城际铁路开发建设有限公司
　　　　侯　云　　　河南裕华置业有限公司

参　编：蒋　斌　　　上海市口腔病防治院
　　　　金　磊　　　复旦大学附属中山医院
　　　　沈全斌　　　上海市华山医院
　　　　陈懿昀　　　复旦大学附属眼耳鼻喉科医院
　　　　王长皞　　　上海市妇幼保健中心
　　　　卢　远　　　上海市第一康复医院
　　　　方赛峰　　　上海中医药大学附属龙华医院
　　　　黄超妮　　　上海申康卫生基建管理有限公司
　　　　周　磊　　　上海市第一人民医院
　　　　杨轶斌　　　上海市第六人民医院
　　　　王丽利　　　上海市公共卫生临床中心
　　　　周　冰　　　上海市第九人民医院
　　　　谢坚浩　　　复旦大学附属儿科医院
　　　　王　斌　　　复旦大学附属肿瘤医院
　　　　陈朝阳　　　浙江中诚工程管理科技有限公司
　　　　张永帅　　　深圳市明咨物联科技有限公司
　　　　李代强　　　贵州华信恒基工程项目管理有限公司
　　　　赵剑峰　　　浙江小塔塔慧信息技术有限公司
　　　　李长太　　　厦门建研建筑产业研究有限公司
　　　　张文武　　　内蒙古中实工程项目管理有限责任公司
　　　　郭建秋　　　河南投资集团有限公司
　　　　胡哲卿　　　天津市市政工程设计研究院
　　　　张　潇　　　天津市赛英工程建设咨询管理有限公司
　　　　毛镇江　　　上海市第一妇婴保健院
　　　　郦敏洁　　　上海市第十人民医院

前言

虽然 BIM 进入我国时间较晚，但是近些年却发展迅速。应用 BIM 技术的项目越来越多，从地标性建筑到商业住宅，从基础设施到市政工程，都可以看到 BIM 的身影。BIM 的应用也逐渐从单一的建设阶段向运维阶段延伸。尤其是近些年，一些大型运维企业特别关注其运维阶段 BIM 技术的应用与发展。建筑工程后期的运维管理，实际上需要依托运维管理系统，它是物业管理的扩展和延伸，结合了建筑中智能化、网络化、数字化技术，以实现数字化管理。数字化管理是运维管理的核心内容，它利用信息网络技术，提供通过互联网和计算机局域网处理运维信息系统管理中心的各项日程业务的数字化应用，达到提高效率、规范管理、向客户提供优质服务的目的。

国际设施管理协会（International Facility Management Association，简称 IFMA）对于设施管理（Facility Management，简称 FM）的定义为"以保持业务空间高质量的生活和提高投资效益为目的，以最新的技术对人类有效的生活环境进行规划、整备和维护管理的工作"。随着建筑产业的规模不断增大，基础设施的架构体系越来越复杂，利用 IT 技术提升产业效率进行数字化管理已是必然选择，伴随而生的是建筑全生命周期内的大量信息与数据，如何有效地进行信息整合及充分应用于设施维护管理是运维管理的关键。

从整个建筑全生命周期来看，相较于设计、施工阶段的周期，项目运维阶段往往需要几十年甚至上百年，BIM 的三维模式和贯穿建筑全生命周期的数据管理使 BIM 应用于项目运维阶段具有先天优势。

在空间管理上，利用 BIM 技术将建立一个可视化三维模型，所有数据和信息可以从模型中获取和调用。空间管理主要应用在照明、消防等各系统和设备空间定位，以及应用于内部空间设施可视化，其直观形象且方便查找。如消防报警时，可在 BIM 模型上快速定位所在位置，并查看周边疏散通道和重要设备；如装修时可快速获取不能拆除的管线、承重墙等建筑构件的相关属性。

在设施管理（主要包括设施装修、空间规划和维护操作）上，BIM技术能够提供关于建筑项目全生命周期唯一来源的、可计算的、协调过的、可复用的、可分享的信息，业主和运营商便可据此降低由于缺乏互操作性而导致的成本损失。此外还可对重要设备进行远程控制，把原来独立运行的各设备信息汇总到统一平台进行管理和控制。通过远程控制，可充分了解设备的运行状况，为业主更好地进行运维管理提供良好条件。设施管理在一些现代化程度较高、需要大量高新技术的建筑中，如大型医院、机场、厂房等，也会得到广泛应用。

在隐蔽工程管理上，基于BIM技术的运维可以管理复杂的地下管网，如污水管、排水管、网线、电线及相关管井等隐蔽管线信息，避免了安全隐患，并可在模型中直接获得相对位置关系。当改建或二次装修时可避开现有管网位置，便于管网维修、更换设备和定位。内部相关人员可共享这些电子信息，有变化可随时调整，保证信息的完整性和准确性。

在安全管理上，通过BIM技术对公共、大型和高层建筑中突发事件管理，包括预防、警报等功能，可显著提升。如遇消防事件，BIM管理系统可通过喷淋感应器感应着火信息，在BIM信息模型界面中就会自动触发火警警报，着火区域的三维位置立即进行定位显示，控制中心可及时查询相应周围环境和设备情况，为及时疏散人群和处理灾情提供重要信息。

在节能减排管理及系统维护上，通过BIM结合物联网技术，使得日常能源管理监控变得更加方便。通过安装具有传感功能的电表、水表、煤气表，可实现建筑能耗数据的实时采集、传输、初步分析、定时定点上传等基本功能，并具有较强的扩展性。系统还可以实现室内温湿度的远程监测，分析房间内的实时温湿度变化，配合节能运行管理。在管理系统中可及时收集所有能源信息，并通过开发的能源管理功能模块对能源消耗情况进行自动统计分析，并对异常能源使用情况进行警告或标识。还可快速找到损坏的设备及管道，及时维护建筑内运行的系统。

随着BIM技术在建筑全生命周期深入应用的增多，物联网、GIS、3D打印等技术的不断集成也将对BIM在运维阶段的应用带来更多影响。未来建筑行业信息化，多种技术间的集成与融合是必然之路。建筑业信息化是行业发展战略的重要组成部分，也是建筑业转变发展方式、提质增效、节能减排的必然要求。全面提高建筑业信息化水平，需要着力增强BIM、大数据、智能化、移动通信、云计算、物联网等信息技术集成应用能力。各技术的集成与融合，基于规范标准下的协同作业将完善建筑行业整体市场及BIM运维市场。

全书共13章，糜德治、张江波主编并负责统稿，张志毅、高腾飞、李兆君、侯云担任副主编。糜德治主持编写第1、2、3章，张江波主持编写第4、5、6章，张志毅主持编写第7、8章，高腾飞主持编写第9、10章，李兆君主持编写第11、12章，侯云主持编写第13章。蒋斌、金磊、沈全斌、陈懿昀、王长皞、卢远、方赛峰、黄超妮、周磊、杨轶斌、王丽利、周冰、谢坚浩、王斌、陈朝阳、张永帅、李代强、赵剑峰、李长太、张文武、郭建秋、胡哲卿、张潇、毛镇江、郦敏洁等人参与了资料收集和编写，并提出了宝贵意见，对编写工作帮助很大。

　　本书较为系统地介绍了 BIM 技术在运维阶段的应用原理及实践方法，供读者在工作中借鉴参考。由于作者水平有限，书中的不足之处在所难免，恳请读者与专家批评指正。

编者

2021 年 8 月

目录

第 4 章
资产管理 040

第 5 章
可视化维护管理 046

第 6 章
基于 BIM 的能源管理
082

第 7 章
项目管理绩效评价
092

第 8 章
运维管理策略和风险　106

第 12 章
BIM-FM 实施案例

第 1 章

运维管理概述

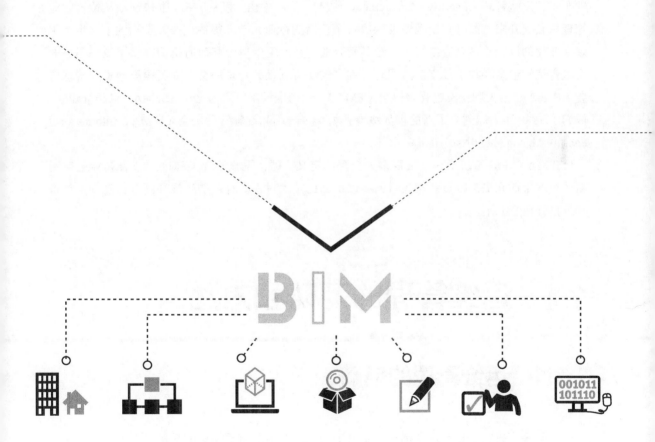

建筑运维管理指建筑在竣工验收完成并投入使用后进行的综合管理。20世纪80年代，为了顺应改革开放后新建社区的管理需要，我国开始引入物业管理制度。物业管理指"业主通过选聘物业服务企业，由业主和物业服务企业按照物业服务合同约定，对房屋及配套的设施设备和相关场地进行维修、养护、管理，维护物业管理区域内的环境卫生和相关秩序的活动"。在传统意义上的运维管理即指物业管理。

随着我国经济的发展，人们对于居住、工作环境的要求越来越高，传统的物业管理服务已经不能满足人们的需求。同时，更加智能化、现代化的建筑也对物业管理提出了更高的要求。在这个背景下，设施管理（Facility Management，FM）从物业管理概念中脱离出来，逐渐地发展壮大。设施管理表达了一种全新的概念，即对建筑物有效的系统化的管理。它采用一种更加系统、全面的观念把使用者的要求和物业本身的属性有机地结合起来，全面考虑项目全生命周期内的经济性、适用性、服务性及发展性，寻求项目寿命期内经济效用和使用效率的最优结合。可以说，设施管理的发展具有必然性，是物业管理发展的必然结果。

1979年美国的密歇根州的安·阿波设施管理协会和随后建立的国家设施管理协会共同发布了"设施管理（Facility Management，FM）"这一术语。随后，FM很快逐渐从传统物业管理中独立开来，同时开始慢慢发展成一个全新的行业领域。很快，西方发达国家产生了很多专业化的设施管理企业或组织，给私营企业、教育卫生单位和政府机构提供了效果明显的设施咨询和信息科技手段支持。同时，许多的非营利设施管理协会，如英国设施资产管理协会（BIFM）、澳大利亚设施管理协会（FMAA）和德国设施管理协会（GEFMA）也相继建立，他们于1989年一起创立了新的世界级专业协会——国际设施管理协会（IFMA，International Facility Management Association）。

IFMA对FM给出了一个被很多人接受的定义，即：设施管理（FM）是以保持业务空间高质量的生活和提高投资效益为目的，以最新的技术对人类有效的生活环境进行规划、整备和维护管理的工作。

1.1　运维管理的范畴和内涵

1.1.1　运维管理的范畴

多年来，研究者和实践者都对运维管理的定义和范畴有着不同的理解。例如，一种观点是把运维管理认为就是设施管理的综合管理，设施界定为含有支撑组织运作的建筑、体系或者服务，从更广泛意义上来看就是含有基础设备、空间环境、信息资源和各项支持性服务；另一种观点则指出运维管理包含物业管理和设施管理的融合服务，它们在人们生活中联系紧密着，包含有专门服务功能的建筑物、空间和信息化体系等。

相较而言，IFMA 对设施及其范畴从两个层面来解释要更加被人们所认同，即：狭义层面的设施就是物业，即已经施工完成了的具有居住或其他经济效用的建筑物和构筑物及其相匹配的设施、场地等；广义上的设施则包含任何的有形资产，一般物业不仅包含在设施范畴里，家具、制作设备和交通工具等同样也包含在里面。所以，必须要用整体和系统的观点来看待设施，对设施资源开展优化配置。基于 IFMA 对设施的定义，可以归纳出 FM 的要素主要包括两大部分，即建筑系统要素和非建筑系统要素，如图 1-1 所示。

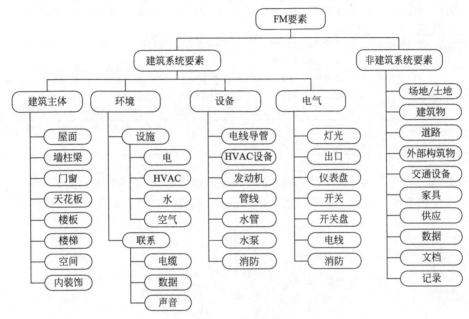

图 1-1　FM 要素

1.1.2　运维管理的内涵

运维管理一般都认为是设施管理（Facility Management，FM），是一门交叉科学，它综合了管理科学、建筑科学、行为科学和工程技术的基本原理。很多学者和协会给出了各自对 FM 内涵的理解，详见表 1-1。

表 1-1　各学者、协会对设施管理内涵的理解

学者或组织	FM 内涵理解
Alexander	设施管理的范围涵盖了物业、空间、环境控制、健康、安全和支持性服务的所有方面
David	为了保证企业的建筑物和基础设施支持企业目标的实现，设施不仅包括房屋、装置和设备，而且还包括通信、交通和其他所有起支持作用的非基础活动

学者或组织	FM 内涵理解
Bemard Williams	设施管理和组织过程有关，主要涉及三个部分：任务、信息和服务管理
Nutt	设施管理的主要功能是在战略和操作的支持性层面上进行的资源管理，主要包括四个方面：财务资源管理、物质资源管理、人力资源管理、信息和知识资源管理
Varcoe	设施管理的重点是房地产和建筑行业产品的提供和管理，即高效地使用作为工作空间的建筑物资产
Then	设施管理包括四个部分：战略性设施规划、空间规划和工作场所战略、设施支持服务管理以及资产管理和维护
国际设施管理协会（IFMA）	设施管理包含多种学科的专业，综合人、空间、过程和技术的集成来确保建筑物环境功能的实现
英国设施资产管理协会（BIFM）	设施管理是在组织中约定服务的进行维护和发展的过程的集成，能够支持并促进组织的基本活动的效益
德国设施管理协会（GEFMA）	设施管理针对工作场所和工作环境，通过楼宇、装置和设备运作计划、管理与控制，改进使用灵活性、劳动生产率以及资金盈利能力的创新过程，是利用设施来满足人们工作的基本要求、支持核心组织流程，并提高资本回报率的管理学科
香港设施管理协会（HKIFM）	设施管理是一个机构将其人力、运作手段及资产整合，以达到预期战略性目标的过程，从而提升企业的竞争力

国际设施管理协会（IFMA）认为设施管理主要包括以下 8 个方面：空间管理、不动产、室内规划、室内安装、规划、预算、建筑工程服务及建筑物维护和运作，如图 1-2 所示。

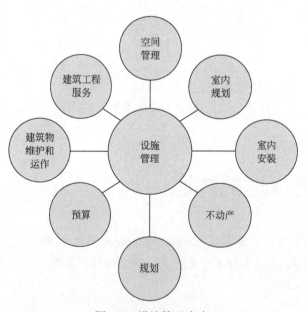

图 1-2　设施管理内容

设施管理的内涵可概括为：

①设施管理的目标是在基于人的发展上来维持运营空间高质量的工作环境和增加投资收益。

②设施管理的重点是从设施全生命周期角度去开展动态管理，使人、设施与运营流程匹配起来，达到比较理想的效果。

③设施管理的范围是部门组织的有效的生活环境，包含对不动产、建筑物、家具、资本及能源等的管理。即 FM 面向的是企业的管理有机体，但是建筑运维或物业管理则只是面向建筑设施实体，这就产生了它们最本质上的区别。

④设施管理的内容是在设施全生命周期中进行设施规划、建设和运维管理。FM 是从传统物业管理中延伸出来的，其所包含的内容除了有物业管理中各项基础性服务内容以外，还应该包含有在设施规划设计和施工阶段就开始考虑设施的保值、增值功能。

⑤设施管理的工具是各种高新科技手段的运用，一方面可减少费用增加效率，另一方面信息技术的使用保障了设施数据分析的准确度，更加有利于机构的合理决策。但是传统物业管理的工具就相对比较简单，主要依赖大量的数据表格或表单来开展决策，没有有效的可视化的系统来对对象查询，设施数据、不同专业的标准、图纸等信息彼此隔离的现象严重。

设施管理作为一个新兴行业，有其自身的特点，这主要体现在以下几个方面。

①与工作场所的物业资产有关；

②需要有多元化的综合专业服务；

③可支援一个组织达到其目的；

④可以保持业务空间高品质的生活和提高投资效益；

⑤以改善环境为手段改善公司的营运能力；

⑥将人、地方与流程配合，产生最理想的效果；

⑦是对不动产、土地、建筑物、设备、房间、家具、备品、环境系统、服务、信息物品、预算和能源等设施的管理；

⑧是规划、整备和维护管理，是在传统物业管理的服务内容基础上的提升，管理科学规范、服务优质高效；

⑨不仅能延长物业使用年限、确保其功能正常发挥、扩大收益、降低运营费用，也能提高企业形象，提供适合于用户的各种高效率低收费的服务、改善业务体制，使工作流程合理化和简洁化。

1.2 运维管理与物业管理的分析比较

物业一般是指已经建成并投入使用的各类房屋及其设施和场地。物业管理就是指具有一定资质的机构和人员对物业运用现代管理科学和经济手段依法按照合同进行管理。其内涵引申是以服务为核心、集服务与管理为一体的新兴房地产管理行业；其管理对象是房屋及其设施和场地；其服务对象是房屋内的业主、居民和工作人员；目标是为服务对象提供一个优美、舒适、文明和安全的居住条件及工作环境，并合理收费。

相较于物业管理只针对建筑及附属设施进行维护、管理的工作活动，设施管理表达了一种全新的管理理念，即对建筑物有效的系统化的管理。它采用一种更加系统、全面的观念把使用者的要求和物业本身的属性有机地结合起来，全面考虑项目全生命周期内的经济性、适用性、服务性及发展性，寻求项目寿命期内经济效用和使用效率的最优结合。可以说，设施管理的发展具有必然性，是物业管理发展的必然结果。

①设施管理是物业资产管理发展的必然结果。设施管理是由物业管理的持续深化发展而从其内部产生的超越物业管理的物业资产管理新层次。

②设施管理是特殊功能物业兴起的迫切需要。相较于特殊功能物业，使用设施管理更优化。在一些功能集中和目的单一的地方，如医院、政府办公大楼、教育物业、机场、工厂等，运用设施管理非常适合。

③企业规模发展存在对设施管理的需要。随着经济全球化，中国发达地区的企业规模会愈来愈大，这些大企业会将分散在各区的办事处集中在一起，一家公司占用整个物业的情况会越来越多，这便需要有良好的设施管理去妥善处理工作环境的问题。

总之，由于智能化物业的不断发展，物业的设备设施已形成了庞大而复杂的系统。金融贸易和信息产业的业务也由于结合了高新技术而与传统办公室业务有了很多的区别。由此，物业管理已经不能适应进一步发展的物业硬件本身和物业使用者的需求，有必要对重点项目提倡设施管理的介入，结合实际逐步地支持设施管理行业的发展。设施管理与物业管理的对比具体见表 1-2。

表 1-2　设施管理和物业管理的对比

项目	设施管理	物业管理
管理目标	通过资产的有效利用使资产增值	资产保值
管理特点	经营战略管理	现场管理
主要目的	通过设施运行的最优化，提高设施利用者的满意率，提高知识生产的生产率	维护管理
管理视点	全部固定资产	有问题的设施
管理方式	动态（使用率）	静态（完好率）
管理时点	保全设施的寿命周期和未来设施（现在和将来）	保全设施的现状（现在）
管理内容	成本最小化，设施的灵活性、节能、环保	以最小代价保证设施的完好
主要使用物业类型	针对具有复杂设施设备系统的物业，具体指大型公共设施、工业设施、商业设施等	针对设施设备系统简单的物业，具体指住宅小区、公寓等

1.3　运维管理的理论架构

1.3.1　设施管理的理论体系

根据国际设施管理协会定义的设施管理的主要内容，可以将设施管理划分为四个层次，分别是：综合管理、价值管理、目标管理、绩效管理。

综合管理是对所有约束类和专业化管理的集成化，目的是使利益相关者的价值最大化的同时，还关注环境和战略变化。价值管理的目的是确保设施管理的有效开展和价值最大化，其管理内容见图1-3。其中进度管理包括占用资源估算、工作持续时间估计、制定进度计划、进度控制；质量管理包括质量标准、全面质量管理、质量控制；绩效管理包括绩效计划、绩效实施、绩效评估、绩效反映等；风险管理包括风险的规划、识别、分析、应对和监控。

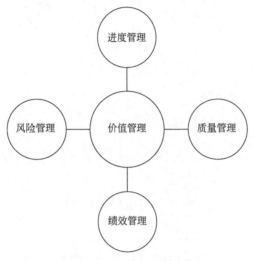

图 1-3　价值管理内容

目标层次管理的设施管理综合了管理科学、建筑科学、行为科学和工程技术等学科的基本原理。目标管理包括以下方面：

①安全和环境管理包括：安全防范管理、工作环境监测、突发事件应急管理、事故防范、健康环境管理；

②空间管理包括：室内空间规划与设计布局、租赁管理、室内环境监测；

③资产管理包括：建筑物选址、外租管理、物业管理；

④运营维护管理包括：日常运行管理、周期性维护、检修管理；

⑤能源管理包括：电力、燃气、水资源能耗及集中供热、供冷能耗分析；

⑥服务管理包括：行政服务管理、安全保卫管理等；

⑦建筑项目管理包括：外包管理、项目施工管理、项目改造管理、合同管理。

以上七个层次是考虑到设施管理的一般功能，总结出的设施管理的初步知识体系如图1-4所示。

1.3.2　运维管理的绩效评估方法

绩效评估是设施管理研究领域的一个重要组成部分，是保证设施管理战略能够有效实施的重要因素之一。目前国外学者对设施管理绩效评估所采用的主要方法有标杆管理法和平衡记分卡法，利用两种方法评估设施管理绩效的程序和框架分别如图 1-5 和图 1-6。

图 1-4　目标层次管理内容

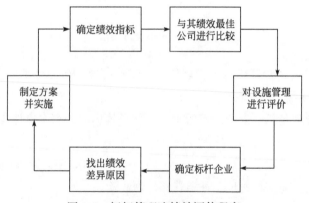

图 1-5　标杆管理法绩效评估程序

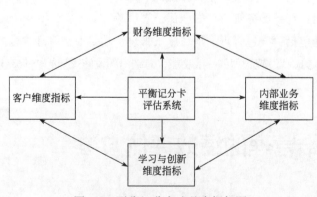

图 1-6　平衡记分卡法基本框架图

1.4 运维管理信息化趋势

建筑信息化迅猛发展的同时，各种信息化的高科技建筑设备很快被运用到各类建筑中，使建筑设施组成了复杂而巨大的系统，而且物业设备设施运维阶段中的费用占设施总成本的比例愈来愈大，"维持"层面上的传统物业管理已经很难达到设施智能化、信息化管理标准，FM 业务过程也愈来愈依赖于信息科技手段的运用。信息化技术主要是从如下几个层面增强了 FM 的功能：

（1）战略规划　设施的战略规划是在组织根据商业战略的基础上深入分析现有设施状况（包括位置、能力、利用情况和状态等）而制定的可实现的设施计划，用以满足组织的各类设施的需求。而设施管理信息系统将帮助企业实施战略空间管理、设备购置、建造成本、环境限制等方面的分析，以及其他方面重要的规划职能。

（2）运营成本　组织的管理者越来越重视设施运营和维护的成本，一个有效的设施管理信息系统能够高效地跟踪工作环境，通过设施管理信息系统的自动化和可视化手段，帮助设施管理专业人员轻松实现能源消耗、照明管理、清洁管理和费用核算等功能。

（3）空间管理与预测　设施管理信息系统可以实现对组织固定资产的盘点和管理，包括建筑物空间的测量和使用、设定疏散通道、标记消防器材安放的位置，同样能够规划将来的空间需求和搬迁计划等。

（4）维修维护　基于信息技术的设施可以对组织的需求迅速做出反应，充分发挥硬件设施的作用，确保设施稳定和可靠的运转，高效准确地知道设施的各种障碍，监测设施的日常维修和预防性维护操作。

（5）设施状态评估　设施管理信息系统与地理系统相结合，能够实现对建筑物及其设备进行检查并报告存在的安全隐患和对风险做出评估等。信息技术已经成为整个组织生产和运营管理系统的一个有机组成部分，在设施管理中应用信息技术可以大幅度提升设施管理服务的质量与效率，为组织带来持续的竞争力。

但是 FM 的工作范围比较宽泛，在管理流程中对各方面的复杂设施数据的动态管理和信息处理的效率已成为影响管理品质的主要方面。FM 应该通过协调体系，及时采集设施数据，随时反馈供需情况，协助管理人员及时做出合理的决策。建立跨平台的信息集成体系以实现信息高速采集、有效共享的系统平台也成为了建设工程信息化和 FM 信息化亟待解决的问题。

第 2 章

BIM 运维管理
核心价值

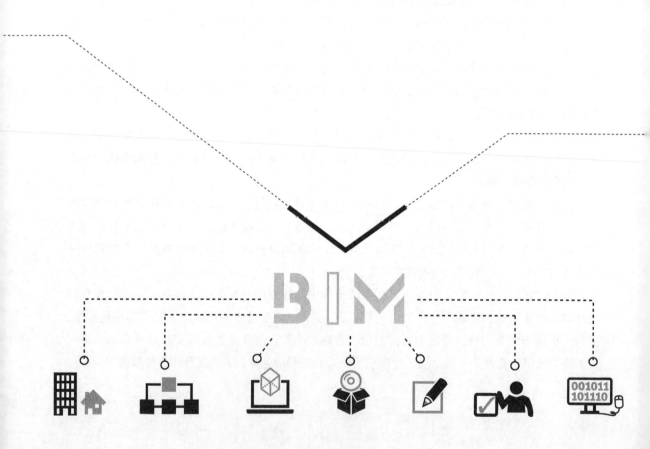

2.1　BIM 与 FM 信息传递和整合

　　BIM 技术作为建筑信息化的新型技术，它通过建模软件把整个建筑进行虚拟化、数字化和智能化，其中包含的信息不仅是几何形态的视觉信息，还有很多非几何信息，如设施材料的属性、建筑实体的成本、采购信息等。运维管理借助于 BIM 技术，正在逐渐形成新形式设施管理信息系统，用以实现整个组织内部所有人员、空间、位置、设备等资源的整合，并为管理者提供一个数据化的操作平台，从设施维护工作流程的自动化到空间规划功能的可视化，都更加及时高效准确地为组织设施管理提供各项综合服务。

2.1.1　建筑全生命周期各阶段信息需求差别

　　BIM 主要特点有：三维数字化建筑模型；建模对象是建筑构件；包含各种建筑工程信息；信息之间保持实时关联；多种方式信息表达。由于 BIM 的特点，它在建筑全生命周期中都能发挥作用。

　　在建筑全生命周期中，各个阶段对于图形和数据信息的需求并不相同。在设计阶段对图形的需求最多，对详细数据的需求最少。在概念设计阶段，BIM 模型的建立多半用来检视形状、空间和一般的对象（设备、门窗、系统等等）。随着工程的进行，从概念设计到细部设计，各种类型的工程分析需要较多有关建筑使用的材料、空间、设备等的数据。到了施工阶段，需要估价、采购、协调、可施工性和安装等更多更详细的数据。最后，当设备安装完毕、系统测试完成后，将会得到这些工程构件的最后信息，并需要把它们输入到系统中。图 2-1 显示了建筑生命周期中图形与数据所占比例变化。

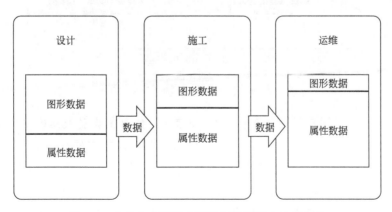

图 2-1　建筑生命周期中图形与数据所占比例变化

2.1.2 BIM 与 FM 数据互通整合

在传统的运维管理中包含了多种 FM 信息系统，比如计算机维护管理系统（CMMS）、能源管理系统（EMS）、电子文档管理系统（EDMS）和楼宇自动化系统（BAS）。虽然这些常用的 FM 信息系统也可实现设施管理，但是各个系统中的数据各成一套系统，格式上不能兼容；在进行设施管理时，运用这些系统需要手动输入建筑信息到 FM 系统中，这是一个费力且低效的过程，通常来讲，数据录入会消耗数月的时间。不仅如此，数据录入时发生错录和漏录的情况屡见不鲜。

利用 BIM 技术，可以将建筑设计、建造阶段的信息，与 FM 信息进行整合，以便更好地进行运维阶段的管理。但基于 BIM 及 FM 技术现状，并非所有的数据都能集中输入到一个模型或一个系统中。因此更需要系统间的可互通性，让数据可以从上游系统传递给下游使用。

目前可以采用多种方法以实现数据互通，比如使用开放标准如施工运营建筑信息交换（Construction Operations Building information exchange，COBie），或采用直接整合到 BIM、CMMS 和电脑辅助设施管理（CAFM）系统的专有方法。BIM 与 FM 数据互通时可供选择的数据路径如图 2-2 所示，此图显示出整合的各种替代方法。在该图中的 FM 的软件平台，可以是为了建筑数据所使用的任何一种系统，例如 CMMS、CAFM 等。

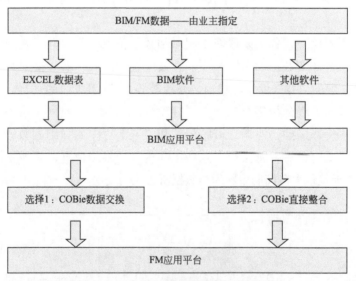

图 2-2　BIM 与 FM 数据整合可选路径

第一种整合选择是用户开发一个电子表格来捕捉 FM 所需设备及其相关的数据，然后直接或是透过一个汇入机制输入到 CMMS 系统中。这种做法的实施对于小型工程似乎较为容易和快速，但它缺乏像其他方法的正式结构，具有较高的错误率，因为无法验证所输入的数据。

第二种选择是使用 COBie，这是由 buildingSMART 联盟所支持的开放标准。此标准规定了如何收集所有类型的建筑与设备数据，以及各种类型数据适用何种命名标准（例如用 OmniClass 作为设备的代码）。使用这种方法并不需要与 BIM 整合，因为 COBie 数据可以直接汇入到 CMMS 的程序中。但这个方法无法提供图形数据以显示设备所在位置。

第三种选择是利用 BIM 建模系统与 FM 应用软件之间专有连接来建立两系统间的双向连接。EcoDomus（图 2-3）便是这样的系统，其可提供给那些想要将图形画面与 FM 数据整合的设施经理。

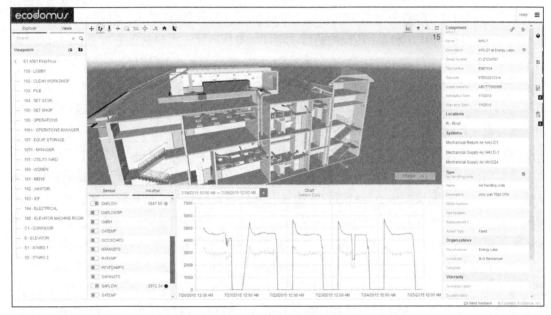

图 2-3　EcoDomus 软件界面

第四种选择是使用 BIM 云端平台，直接把 CMMS 系统与 BIM 建模系统整合在一起。这个方法对两个系统都提供了有效的整合，使得图形数据在 BIM 中更新，而 FM 数据输入到 COBie 或直接输入到 CMMS 系统中。通过把数据内容上传到云端服务器上，可以在任何地点用软件终端来存取数据，见图 2-4。

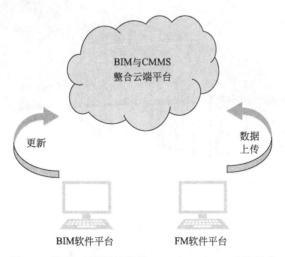

图 2-4　通过云端服务器将 BIM 与 CMMS 系统整合

2.2 BIM 在运维管理中的应用与价值

BIM 大部分的功能应用在设计与施工阶段，要纳入和使用 FM 是一个复杂的问题。而要在 FM 中使用 BIM，没有一般所谓的"最佳方案"。使用任何软件技术，包括 BIM 在内，在 FM 上会因为建筑物的功能与相应设施的需求不同而有所不同，大多数设施所需要的信息也相当多样化。以英文字母缩写代表的企业数据系统——CAFM（电脑辅助设施管理）、CAD（电脑辅助设计）、IWMS（整合工作场所管理系统）、CMMS（计算机维护管理系统）、ERP（企业资源规划）、EAM（企业资产管理），再加上单独的软件应用程序如 EXCEL 等，这些都是目前用来支持设施管理所需的各种资源。

BIM 技术提供给设施管理者和建筑的业主、经营者一个强而有力的方法，能从一个具有真实数据的虚拟模型中检索出所需信息，他们不一定要像 AEC 专业人士受过识图的训练，可从竣工文件堆中就能检索出想要的数据。BIM 技术还可以培育互动信息的发展，并且能够支持整个建筑生命周期从规划到运维的所有信息。BIM 不一定必须要取代现有设备运维所使用的各种信息技术，但是可以支持、提升，并增强它。BIM 在设施管理中的应用价值包括：

（1）有效开发工程的 BIM 样板　已经具有健全工程标准的建筑企业，可以通过提供智能的 BIM 样板（图 2-5），显著提升工程发展与执行上的效率。这些定做的样板，能够自动把用来指定的空间和资产需求的特定工程计划数据填入建筑信息模型。医院、零售场所、旅馆、企业办公室便是一些可以利用 BIM 来提升标准的机构，可以减少目前普遍存在于工程开发过程中没有效率的人工交叉检查和验证。

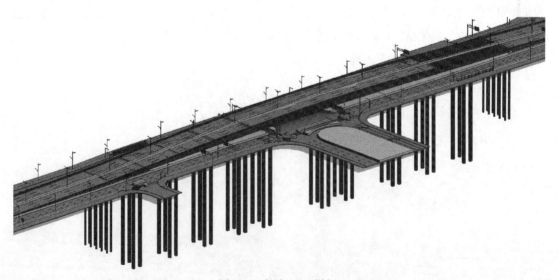

图 2-5　市政 BIM 样板

（2）规则化的工程交付　许多工程的 BIM 可以配合设施管理的数据来定义与发展，在工程交付后便能支持设施管理数据的需求。COBie 提供了一个架构，用来组织在工程交付时所传递的建筑信息。设施管理单位也可以根据自己定义的需要，用不同的方法来开发一些更具体的机制，例如 BIM 软件的插件形式。

（3）空间管理 BIM 纳入真实的 3D 空间与对象，并能追踪这些对象的属性。它可以配合自定义的空间管理要求与空间计量规则。BIM 的应用程序还可以提供一些额外的功能，如自动规则检查。此外，BIM 还可将空间配置进行更为直观的展示（图 2-6），可以支持在空间分配上更好的管理与沟通，以及方案的变更。

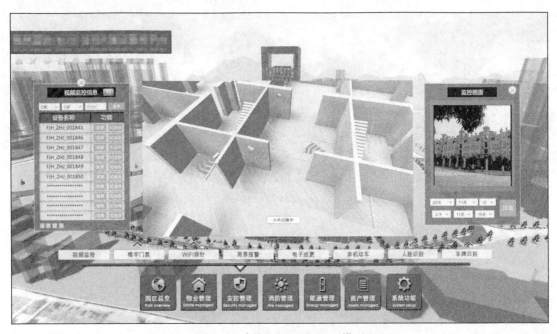

图 2-6 建筑空间配置 BIM 模型

（4）可视化效果 BIM 在可视化效果上具有强大的功能，伴随其延伸的功能可以显示随着时间的改变而产生的可能变化（4DBIM），可以有效沟通迫切需要解决的建筑问题，特别是在时间与工序安排方面。其他 BIM 支持决策的功能包括：冲突检测、规则检查与验证、随时间改变来追踪变化，以及通过动态演练来仿真构思的设计（图 2-7）。

（5）能耗管理 许多机构正在面临越来越多提升他们设施的能源使用效率需求。BIM 可以对从概念性的能源分析到详细的工程问题等，理想地支援各种分析功能。它还提供追踪数据与组件信息的方法，支持营运期间的能耗模拟，来帮助分析系统变化、翻新和改造的效果（图 2-8）。

（6）安全与应急管理 由于 BIM 提供建筑精确的三维空间表现，它可以帮助分析与规划紧急应变要求与安全措施。该技术提供许多分析功能，能在重要场所进行 3D 的模拟，并提供支持解决许多方面的问题。例如分析出口走廊与阻塞点，评估可能发生爆炸的区域与应该保持的退缩距离，建立防盗摄影机拍摄角锥的范围，以及其他的用途，如图 2-9。

图 2-7 BIM 可视化功能

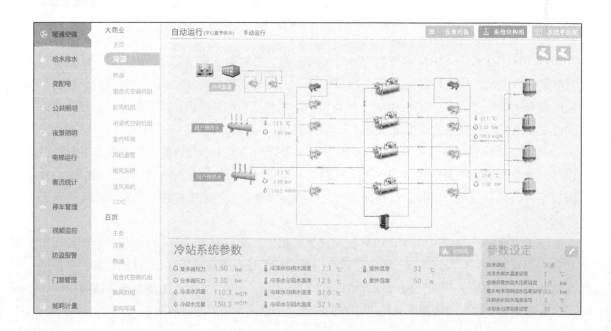

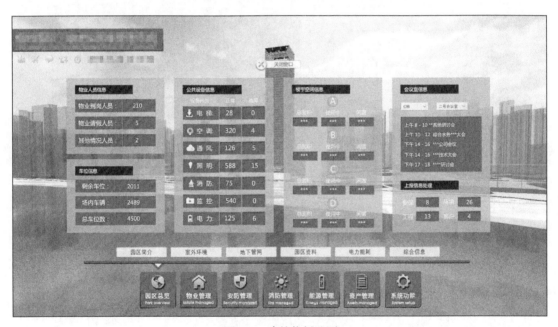

图 2-8　建筑能耗监测

　　FM 与 BIM 需要把多个企业数据系统整合在一起，包括现有设施系统、地理信息系统、建筑自动化系统，甚至是企业资源规划（ERP）系统。BIM 将会与目前的 CAD 系统共存一段时间。企业需要开发 BIM 的部署计划与机构的标准，来奠定成功部署 BIM 技术的基础。BIM 软件需要有更多多样性来为 FM 服务，并包含许多不同的功能。

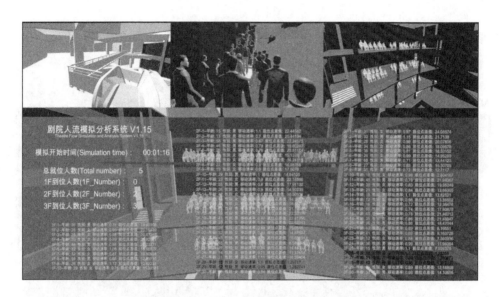

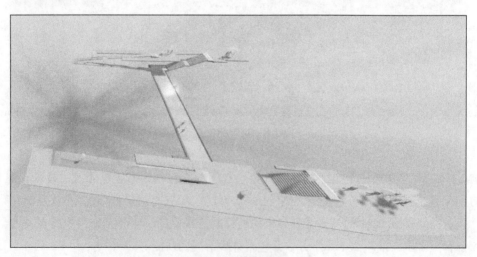

图 2-9　人流疏散模拟

第 3 章

可视化设施管理

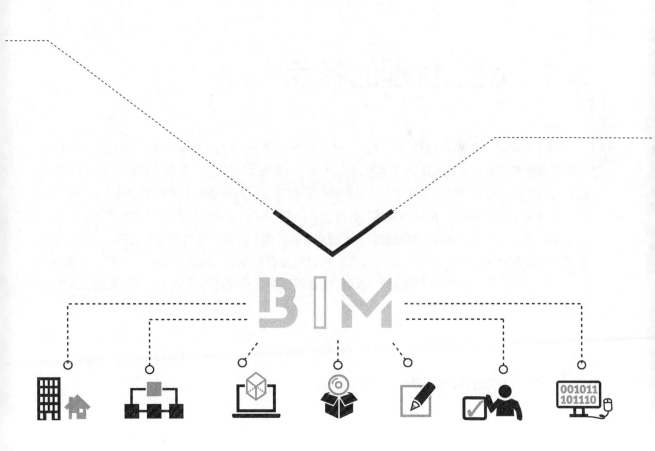

设施管理在工程管理中，往往不被项目前期管理方重视，以往工程管理中，往往有"重建设、轻运维"的情况。随着改革开放以来多年的飞速发展，我们国家多年来交付的物业逐渐被业主重视，特别是高端楼宇的后期管理，可谓物业管理赋予项目的第二次生命。作为全过程咨询单位，怎样从咨询方的角度，看待项目前期设计、中期施工与后期运维的关系是至关重要的。

设施管理（Facility Management，FM）是一门新兴的交叉学科。按照国际设施管理协会（IFMA）的定义，其是"以保持业务空间高品质的生活和提高投资效益为目的，以最新的技术对人类有效的生活环境进行规划、整备和维护管理的工作"。设备不是独立的物，而是综合配套后发挥其综合效能的集合体；设备不是不动产，而是不动产中必不可缺的配置；设施不是单一的设备，而是设备的整个配置和运营系统。

设施管理，通过全面整合、专业设计和精细管控设备与设备、设备与使用人、设备与环境的关系，为设施运行成本控制、效率提升和环境优化提供专业解决方案。同时多方面提升其所属物业的租售行销、资源利用、节能减排、品牌影响等综合价值。

3.1　设施管理的特点

设施管理综合利用管理科学、建筑科学、行为科学和工程技术等多种学科理论，将人、空间与流程相结合，对人类工作和生活环境进行有效的规划和控制，保持高品质的活动空间，提高投资效益，满足各类企事业单位、政府部门的战略目标和业务计划的要求。

设施管理的内容特指在民用领域（如商业、办公、住宅、城市民用交通和综合体等，包括工业、农业、军事、国民基础建设等）不动产所属范围，对其中设备与设备之间、设备与设备使用人之间以及设备与环境之间的关系，进行全过程的规划、配置、管控、维护，从而在设施运行成本、设施使用效率和设施与环境协调等方面，全面满足设施所有人和受益人的综合需要。

3.1.1　空间管理

空间管理主要是满足空间方面的各种规划、分析及管理需求，更好地处理对于空间分配及高效处理日常相关事务的需求。空间管理的标准是高效率的管理方法和高质量的管理决策。高效率要求信息收集、分析和整合的及时可靠，管理流程的合理规范，并且需要畅通的沟通平台和信息管理技术。高质量要求在丰富有效信息的基础上，管理者通过将预测和现状对比，规划空间时使得各空间既能保持各自的独立性和与相邻空间之间的合理关联性（如公共通道的贯通，相邻空间的联系），最大化提升空间资源利用率，又能够使得建筑设备寿命实现最佳效能，在保持良好工作状态的同时将管理成本降至最低，综合价值最高。

利用BIM技术对三维建筑模型中的区域、区域内的空间、房间以及构件信息的查询，实现查询空间内各个区域的详细信息。通过选中三维模型的一部分子区域，可查看区域基本信息，如图3-1、图3-2所示。

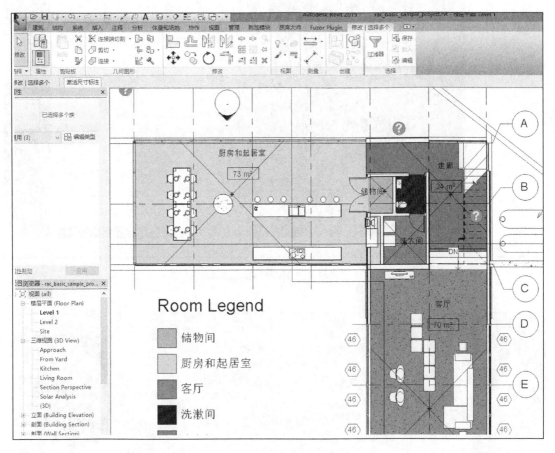

图3-1　室内空间划分

通过将FM数据库和BIM模型整合在一起的综合平台系统，跟踪空间的使用情况，提供收集和组织空间信息的灵活方法。根据实际需要、配套设施和座位容量等参考信息，使用预定空间，进一步优化空间使用效率。

由于业主需求不同，空间用途不同，建筑空间分配也存在多种变化。对于商业性建筑，在空间划分时需要考虑不同业主的需求，空间分配得当与否是与业主发展密切相关的，如图3-3。由于经济的增长速度未知，企业的发展战略未定，再加上现在企业员工工作方式的多样性，使得空间的规划管理充满着不确定性，这便对空间信息的全面及时提出了更高的要求。

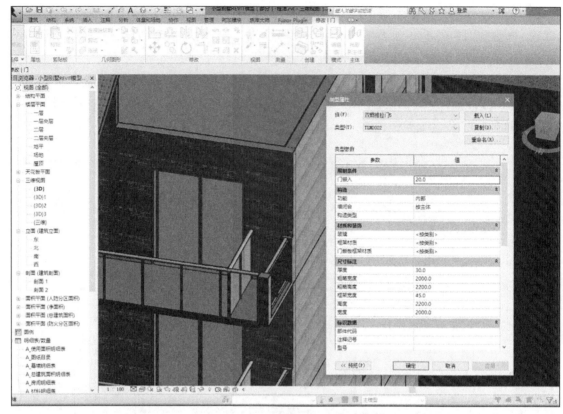

图 3-2 门构件属性信息

图 3-3 房间划分方案对比

使用 BIM 核心建模软件 Revit，可以将立体图形中的项目连接到数据库，显示成图形和文字。空间模块提供了一系列数据，可以在数据库里把面积信息等登记到图形中（比如房间、"服务区域"垂直穿透物、毛面积），见图3-4。一旦这些信息被记录在数据库，利用该模块的报告和分析工具，根据企业战略发展要求就可以研究空间数据，从而合理地进行空间分配。

图 3-4　商业空间分配可视化功能

通过创建空间分配基准，根据所需功能，确定空间场所类型和面积，使用合理的空间分配方法，利用 BIM 的可视化功能，提供空间分配结果的实际效果，消除所分配空间场所可能产生的各种空间占用、资源调配使用、人员配备问题，如图 3-5 所示。

图 3-5

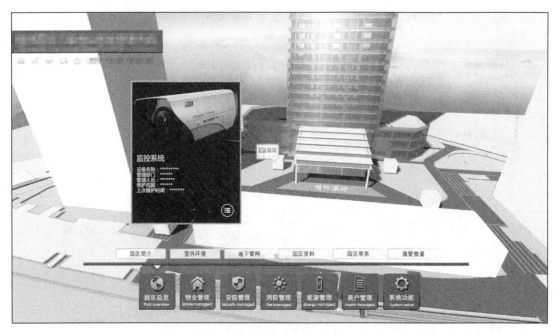

图 3-5　办公空间分配方案

应用 BIM 技术对空间进行可视化管理，分析空间使用状态、收益、成本及租赁情况，判断影响不动产财务状况的周期性变化及发展趋势，帮助提高空间的投资回报率，并能够抓住出现的机会及规避潜在的风险。

BIM 三维可视化将过去的二维 CAD 图以三维模型的形式展现给管理者和用户，简化了物业管理中复杂的管理步骤，当企业战略发生变化、相应空间需要调整时，BIM 可以帮助物业管理人员直观地查看物业空间当前的布局情况，以及以空间为载体的设备状况。

3.1.2　租赁管理

物业租赁管理是指按照社会主义市场经济体制的客观要求以及租赁双方签订的租赁契约，依法对物业租赁的主体和客体、租金与契约进行的一系列管理活动。物业租赁管理包括国家相关主管部门依照相关法规对物业租赁活动的行政管理以及物业服务企业对物业管理租赁双方所提供的各种日常管理与服务。

基于 BIM 的可视化租赁管理，可对繁杂的租户进行分类管理，每个租户的信息都详细地存储在系统当中，并随着租户变更、租金变更等情况进行实时调整和更新，在需要时运用简单的查询功能即可查找到租户的信息，如租户名称、商铺位置、面积、租约期间、租金、物业费用等，对即将到期的租户还能进行收租提醒，如图 3-6 所示。

图 3-6　空间租赁管理

（1）租赁管理的内容

①物业租赁主、客体资质管理。物业租赁主、客体资质指的是出租人、承租人、出租房屋应具备法律法规具备的条件。

②物业租赁营销服务。采取多种形式捕捉潜在租户，促进物业租赁的营销推广。

③日常管理与服务。

（2）物业租赁管理程序　物业服务企业实施物业租赁管理一般经过以下几个步骤。

①捕捉潜在租户。

a.通过广告捕捉潜在租户。要挖掘和寻找到最好的潜在租户，物业管理者就必须使用广告。广告有多种形式，如做标志牌、在报纸期刊上做宣传，或通过广播电视，或用信函、宣传手册、传单和网址，或通过赞助体育比赛、戏剧、音乐会等形式。关键是用最少的广告成本开支找到最多的潜在租户。由于住宅、工业和商业物业都有着不同的潜在客户群，所以做广告时要考虑到潜在租户的类型。

b.使用"免费"噱头捕捉潜在租户。物业管理者可采用类似"免费"噱头来寻找潜在租户，比如物业管理者可以提供一次免费旅行、免费游泳或网球课程、免费使用俱乐部的机会等。为了刺激和吸引更多的潜在租户光顾，广告中还可以声明：头六位签约者可免收第一个月的租金，或在一个特定的时期内有某种优惠，比如从广告刊登的第 1 天起 10 天为有效期，或在头 10 天内来光顾物业的客户都有一个小礼品等。

c.引导参观，捕捉潜在租户。物业管理者要通过引导潜在租户参观，使其对待租物业产生兴趣和需求。物业管理者应能够估计潜在租户的爱好，在潜在租户对某地段、某单元感兴趣时，就应该带领参观。千万要注意避免潜在租户在参观现场时失望的情况发生，如发现一些与先前的广告内容截然不同的地方等。因此，物业管理者要注意应从最佳线路带领他们参观，沿途宣传令人愉快的设施和服务。

d. 建立租售中心捕捉潜在租户。对于大型综合住宅和商业物业来说，建立一个组织健全、有专业人员的租售中心是必要的。租售中心要有完整的装修并带有极富吸引力的家具，以使潜在租户看到完成后物业的情况。由于建立租售中心的费用昂贵，因此是否建立取决于租赁的物业数量、希望出租的时间、租赁者期望的租赁额和竞争者的情况等。期望中的租金越高，租售中心的效用就越大，因为使用合适的租售中心会增加潜在租户的询问率，从而提高出租的可能性。但当市场强劲时，一般不需要精心布置这样的租售中心。

②租户资格审查。

a. 每一个前来咨询或参观物业的潜在租户都要填写一份来客登记表。

b. 潜在租户的身份证明。核对居住或商业物业租赁者的身份证明很重要，尤其是零售性的商业物业，如混合租赁的零售购物中心。因为在商业物业中租户做何种生意是很重要的，它关系到与其他租户能否协调，如有些租户就要求同一个购物中心要限制有竞争性的租户。

c. 租赁经历。为减少风险，应了解潜在租户的过去租赁历史，尽量寻找租赁史稳定可靠的、租赁期较长的租户。

d. 资信状况。物业管理者可通过调查得到所需要的潜在租户的以往信用资料，从租户以往的拖欠记录中了解潜在租户的资信状况。对那些有拖欠赖账史的潜在租户可不予考虑。

③合同条款谈判。房屋租赁的一个主要工作就是要签署租赁双方都满意的、公平合理的租约，物业服务企业往往要协助业主完成谈判的全过程。物业管理者在业主和租户的接触过程中，应尽量规避可能出现的冲突。一般的技巧是当谈判快要结束准备签约时，再让双方见面。

a. 讲求谈判妥协。妥协是指业主降低原始条款而给租户的一种优惠，妥协的目的是为了让潜在租户成为真正的租户，达到签约的目的。

租约中几乎所有的条款都有谈判的余地，关键在于双方立场的坚定性和灵活性。任何一点点的妥协都可能引导潜在租户接受并签署租约，成为真正租户。因此，物业管理者在谈判中要考虑的是妥协程度多大时才能打动租户，即妥协的尺度。一般来说，决定妥协程度的因素有三：一是业主的财务和战略目标；二是该地区物业租赁市场竞争的情况；三是租户租赁的紧迫性。

在谈判中不管妥协程度大小，都要让租户感到是业主不情愿的选择，以显业主的诚意。

b. 租金的确定。在租金上作出让步，无疑是最具吸引力的，也是最具负面影响的让步。因此任何时候物业管理者都要分析租价折扣的利弊得失，在保证物业一定租金水平的基础上考虑给予租户短期的租金减免优惠或一定的折扣。

c. 租期的确定。在租户更迭时，业主为寻找新租户要投入广告成本，对新租户的资格审查要花费成本，谈判要花时间和金钱，而每次租户搬出搬进都要支出对物业进行清理、重装修和修整等费用，所有这些都要增加业主的租赁成本，减少租赁收益。因此，一般有经济头脑的业主都愿意签一份长一些的租约。当然在长租约中，业主一般应设有逐渐提高租金的条款（如随物价指数而变动等），以避免损失。

（a）居住物业的租期。对居住物业，如果租金随时间推移而增长，租期才会超过一年，否则一般不超过一年。当然也有例外，如对新建或新改造的物业，业主为提升物业的声望，就会对那些资信好、经济地位坚实的租户签订两三年的租约，而这些人的租用会提高物业在租户及邻里间的声望。

（b）办公、商用和工业物业的租期。办公、商用物业则不同于居住物业，其租期最短也在5～10年间，而工业厂房租期则要长达10～25年或更长。业主一般在长期租约中要加入租金随时间而增加的条款。由于商用物业往往有专为租户进行改造的费用，因此对商用物业，物业管理者要尽量寻求较长的租期，以期能完全收回改造费用。在租期结束时，给予续租也是一种优惠，有较高声誉或经营业绩好的工商业户往往能够得到续期的优惠。其他租户要续期则往往有附加条件，如提高租金等。

④关于物业改造的谈判。新租户在入住前，一般总会提出这样或那样的改造或改进物业的要求。改造费用一般通过租金的形式收回。但物业管理者要向租户申明的是，所有超标改造装修费用或由租户自负，或由业主提供并在租金中收回。在市场疲软或租户需要的时候，标准内的定期重装修或设备更新可以在租约中考虑由业主负担。例如，对一家声望显赫的证券公司租用的空间，业主负责每三年重新粉刷一次，每六年更换一次地毯等。

a.居住物业的改造装修要求。租户对居住物业的要求一般局限在物业的装饰上，如重新粉刷、重换窗帘或更新地毯等。有些新建住宅的业主让租户自己设计挑选装饰，并把这作为优惠条件。旧的住宅是否重新装饰由当时的租赁市场状况和租赁双方的急需程度决定。

b.工商业物业的改造要求。租户经营的性质决定了租户对改造的要求，如保险公司通常就采用原有的建筑设备设施的标准；而律师事务所则因业务原因，需要单人的办公间和豪华的装饰，这往往会超过原有设备设施的标准；医疗机构对设备设施的要求则可能更高。

物业管理者在对工商业物业改造的条款做出妥协时，不仅要考虑改造对物业的影响，还要考虑由此而增加的业主负担。一般谈判的结果是用其他条款来交换，以避免给业主带来损失。物业管理者要给租户一个可以改造的上限，允许租户在此范围内确定标准。超出标准的费用应由租户负担。

⑤扩租权的谈判。扩租权就是指允许租户在租用一段时间后根据需要增加租用邻近的物业。对居住物业而言，扩租并不常见。但对工商业物业租户，尤其是对正处在成长阶段的工商业租户，这一优惠条件是很有吸引力的。

⑥限制竞争租户条款的谈判。限制竞争租户条款就是指租户在物业中享有排他的、从事某一行业的经营垄断权。该附加限制条款常常出现在商业物业尤其是零售物业的租约中，有时也在服务业的物业租赁中出现，如理发店等。在谈判中要注意如果这一限制条款不影响业主的利益，或租户愿意为此交付额外的补偿，就可以考虑采纳。

⑦签订租约。按照双方达成的各项条款填写合同，出具出租方及承租方的有效文件并签名盖章。

⑧核查物业。在租赁伊始，物业管理者应陪同租赁人核查物业，检查所租物业是否符合租赁条款中的条件，如果租赁双方都同时认可物业的状况，就应请租赁人办理接受物业的签字手续。同时，物业管理者和租赁人都要填写"物业迁入、迁出检查表"，租户离开时也将使用该表。双方必须填写，以免发生争议。

⑨与租户建立良好关系。双方签署了租赁合同，租赁关系即告成立。租户搬进，物业管理者就要与租户建立良好的关系，以求租户愿意续签合同。与租户建立联系途径有很多，如可以通过电话或私人拜访等途径与租户保持联系，设法抓住一切机会并创造机会与租户面谈，广泛征求他们对舒适、服务、维修及管理等方面的意见。同时要重视维修服务，确保租户了解维修程序（如向谁和怎样提出维修服务要求等）以及由业主还是租户承担责任等。为此，物业服务企业必须建立一个快速有效的服务系统，使租户要求能够准确地反馈给相应的部门。

⑩收缴租金。一般来说，提前收取租金是通行的做法。物业管理者在签订租约之初，就要向租户解释交费要求和罚款制度，要求其熟悉交费管理程序和有关规定，保证租金收缴率。

⑪续签租约。物业管理者应尽量促成业主和租户续签租约，以节约装修成本，业主也节省了寻找新租户的费用。续约时要考虑新契约的条款内容是否需要改变。一般考虑新契约条款是否改变的因素是：以前未考虑的因素，如租户以往是否准时缴纳租金等；市场的情况。通常改变租赁条款的内容主要集中在租赁期限，维修、更换、再装修的程度和租金水平上。

⑫租赁终（中）止。

a.租赁终（中）止的种类。

（a）合同到期的租赁终止。一般租赁终止有两种情况：一种是租户提出的租赁终止；另一种是物业服务企业拒绝续签。

（b）强制性的中止租赁。当租户违反法规、不付租金、参与犯罪或违反租约协议条款的其他方面时，物业服务企业在发出最后通牒后，有权通过法律途径强制性将其驱逐出去。

b.租赁终（中）止的程序。

（a）搬迁前的会面。物业管理者在租户搬迁前，要与租户进行一次私人会面，填写搬迁前会面表等。

（b）物业检查。结束租赁，物业管理者都必须在租户搬出之后与其一起检查物业。检查物业哪些地方受损和房间及其设施现状，登记物业检查表，计算出维修与清洁方面应扣除的押金。

（c）归还押金。当归还给租户押金时，物业管理者要说明押金扣除了哪些方面及其数额。如果物业管理者未按租赁协议动用了部分押金，必须向租户逐条说明其使用情况。如果租户不能接受，物业服务企业必须承担相应的责任。

c.物业租赁管理注意事项

（a）物业租赁用途不得任意改变。物业租赁双方在租赁合同中，明确了物业用途，这就要求出租人在交付租赁房屋时，应提供有关物业使用中的特殊要求，并明确通知承租人，保证承租人按照租赁物业的性能、用途，正确合理地使用出租房屋，并对其正常磨损不承担责任；承租人在承租房屋上添加新用途时，应征得出租人的同意，相应的开支由双方约定。只要承租人按合同约定的用途合理使用租赁房屋，租赁期满返还房屋时的合理磨损，出租人不得要求赔偿。物业是经营还是自住，承租人不能随意改动，更不得利用承租房屋从事违法犯罪活动。

（b）违法建筑不得出租。在城市规划区内，未取得城市规划行政主管部门核发的建设工程规划许可证或者违反建设工程规划许可证的规定新建、改建和扩建建筑物、构筑物或其他设施的，都属违法建筑。违法建筑本体的非法性，使其根本不具备租赁客体合法、安全等条件，属于禁止出租的范围。根据《商品房屋租赁管理办法》，属于违法建筑的房屋不得出租。因此，下列建筑不得出租：

- 房屋加层、屋面升高的建筑物。
- 庭园住宅和公寓庭院内的建筑物、构筑物。
- 小区、街坊、新村等地区建造的依附于房屋外墙的建筑物、构筑物。
- 小区空地、绿地、道路旁的搭建物。
- 逾期未拆除的，未占用道路的施工临时建筑物、构筑物。

d. 物业租赁与物业抵押的关系。物业租赁与物业抵押的关系有两种情形：其一是物业先租赁，后抵押；其二是物业先抵押，后租赁。本质上，抵押权与租赁关系二者之间并无冲突。上述两种情形都是允许的，但二者在法律后果上不一样。

物业先租赁，后抵押是根据《中华人民共和国民法典》和《城市房地产抵押管理办法》的规定，以已出租的房地产抵押的，抵押人应当将租赁情况告知抵押权人，并将抵押情况告知承租人，原租赁合同继续有效。这时，抵押人不需征得承租人的同意，只要履行告知手续，便可将已租赁出去的物业再抵押给抵押权人。而且，抵押权实现后，租赁合同在有效期间内对抵押物的受让人继续有效。

物业先抵押，后租赁是根据《商品房屋租赁管理办法》规定：已抵押，未经抵押权人同意的物业不得出租。以及《城市房地产抵押管理办法》规定：经抵押权人同意，抵押房地产可以转让或者出租。也就是说，只有经过抵押权人同意之后，抵押物的出租才是合法的。根据最高人民法院对《中华人民共和国民法典》的司法解释的规定：抵押人将已抵押的财产出租的，抵押权实现后，租赁合同对受让人不具有约束力。那么因为租赁合同的解除对承租人造成损失，应该区别不同情形分别处理：抵押人将已抵押的财产出租时，如果抵押人未书面告知承租人该财产已抵押的，抵押人对出租抵押物造成承租人的损失承担赔偿责任；如果抵押人已书面告知承租人该财产已抵押的，抵押权实现造成承租人的损失，由承租人自己承担。

例如埃森哲的办公室改革，亦或是国际国内其他企业的共享办公工位的设置，是根据企业全球化布局和创新业务的发展需求、员工的合作办公和临时团队需求不断增多来进行调整的，见图 3-7。

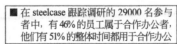

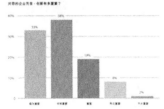

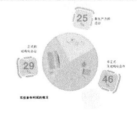

图 3-7　埃森哲研究国际企业办公合作与临时办公统计图

国际企业地产协会的调研显示大多数企业都已经建立起了创新的流程，企业经营策略和创新是密不可分的。在国际企业地产协会调查中显示，在2/3的企业中，有60%～80%的时间都是用于合作办公的，因为合作办公能够产生丰富而更优深度的结论，契合创造力的工作要求。超过一半的受访者（55%）表示，他们经常会让拥有多元化背景的员工一同参与创新项目的工作。绝大多数企业（85%）都会寻求外部顾问或者专业人士来协助创新，与大部分或者所有项目相比顾问所涉及的通常多为临时的项目（67%），三分之二的企业和外部资源保持着长期合作关系，见图3-8。

图 3-8　灵动办公适配工作模式

（3）移动办公　在快速普及和发展的互联网时代下，激发了随时随地办公的需求，并逐渐形成了企业设置移动办公空间的诉求。互联网蓬勃发展下带来的企业对移动办公的考虑也逐渐成为企业新办公室设计的重点。一方面，企业更加明确对共享灵动办公工位的设置；另一方面，企业将更加重视视频、网络等多媒体设备在会议空间和办公空间的设置比例。

（4）服务式办公　这种新型办公需求目前已经成为市场热潮，现在国内衍生出遍地开花的众创空间。主要的市场需求仍然是在高新技术企业的办公物业成本和逐渐增多的小团队小企业，驱动市场出现的类似酒店式公寓的短租型服务式办公的模式，从而实现空间管理者提供的"工作款待"和多企业的"协同消费"。

新的办公需求，未来仍然会进一步促进办公空间的改革，从而出现更多个性化、人性化和主题化的办公空间。就像谷歌的社区总部给人们留下的深刻印象一样，未来国内也将会出现越来越多的空间节约和成本节约的办公空间。

（5）企业工作空间的全生命周期精细化管理　空间整合管理的价值是将空间管理的概念引入设施管理领域，为设施管理带来了革命性的变化。设施管理的整合特性在空间管理领域表现得淋漓尽致，真正的人员、设施资产和流程融合通过借助空间这一重要的介质得以实现。

3.1.3　维保管理

物业管理中有三大用人部门：工程部门、保安部门和保洁部门。维保主要责任人在工程部门。维保管理可加强对各物业设备设施维修保养项目的有效控制，确保设备设施高效、经济、安全运行。运维阶段全过程咨询方应就物业管理维保部门的组建、管理职责、管理流程、委外管理、过程监督和考核管理进行咨询。

（1）团队组建　按照各管理方工程类别、工程用途进行安排，一般人员配置与建筑面积标准见表3-1。

表3-1　物业管理维保的人员配置（一般指物业管理人员）　单位：人/万平方米

序号	工作阶段	非住宅项目		住宅项目	备注
		公共设施项目	商业运行项目	人居项目	
1	工程实施阶段	0.5	0.7	0.4	
2	承接查验阶段	1.0	1.4	1.2	
3	物业管理阶段	0.8	1.0	0.8	

按照以上配置，超过10万平方米应按以下系数折减配置人数：

10万～20万平方米项目，折减系数按照0.9计算。20万～40万平方米项目，折减系数按照0.8计算。40万平方米以上项目，折减系数按照0.7计算。

（2）管理职责

①负责组织开展对维保商的年度评审及维保商的续约或招标工作；

②负责编制、签订维保合同，审批中心提交的年度维保计划；

③监督检查外委维保业务合同履行情况及服务质量；

④负责组织维保商专题维保工作会议，落实维保责任和工作要求；

⑤负责审核维保费用的支付；

⑥负责审定维保商提交的年度总结与维保计划，并上报工程管理部审定；

⑦负责监督与检查维保商按维保合同履约及对维保质量进行评审；

⑧负责每月与维保商召开履约情况沟通会，对维保工作进行沟通、评核和安排；

⑨配合工程管理部完成维保商年度评审或待选维保的评审工作；

⑩负责按审批流程向工程管理部提交维保费用支付资料。

（3）设备设施外委管理

①公司在技术或技能方面不具备资质对设备设施进行维保的，或者国家规范要求必须外委维保的，或者从经济效益方面权衡外委维保更为合算的，可委托专业维保商（分承包方）进行该部分设备设施的外委维修保养，如高压供配电、消防、电梯、空调、水处理等。

②分承包方必须具备国家认可的相关资质、营业执照、技术等级等，并符合公司"工程分承包方资料库管理办法"的相关规定，才能成为外委分承包方。

（4）维保商监管　由物业管理公司根据项目维保委外条件，由物业管理公司负责进行委外维保方的监督和管理。

（5）维保相关管理文件（表3-2）

表 3-2　维保相关管理文件

序号	文件编号	文件名称	所属子模块	版号及修订状态
1		工程分承包方资料库管理办法		
2		危险作业管理工作指引		
3		供电系统管理质量标准指引		
4		电梯系统管理质量标准指引		
5		中央空调系统管理质量标准指引		
6		给排水系统管理质量标准指引		
7		擦窗机系统管理质量标准指引		

3.1.4　家具和设备

家具和设备是实时管理的显性商品，在经营性场所中的配置需要根据项目需求及客户要求进行配置。根据国管局关于印发《中央国家机关办公设备和办公家具配置标准（试行）》的通知，机关办公及办公室配置标准如表 3-3、表 3-4 所示。

表 3-3　中央国家机关办公设备配置价格标准

项目	单价上限 / 元
台式计算机	6000
便携式计算机	11000
打印机（岗位）	1600
打印机（公用）	3000
电话机	200
传真机	2100
碎纸机	800
复印机	16500
扫描仪	1600
投影仪	10000

表 3-4　中央国家机关办公家具配置价格标准

项目	岗位	单价上限 / 元
办公桌	司局级	2000
	处级及处级以下	1500
办公椅	司局级	800
	处级及处级以下	500
桌前椅	—	500
会议桌	—	1000（每平方米）
会议椅	—	450

续表

项目	岗位	单价上限 / 元
折叠椅	—	120
文件柜	—	1000
书柜	—	1000
单人沙发	—	1000
三人沙发	—	2500
大茶几	—	750
小茶几	—	500

3.1.5　工作场所管理

如今，工作场所需要变得更加全球化、更加智能、更加协调、更加可持续，从而适应千变万化的竞争要求，提升工作场所对新一代工作者的吸引力，减少场所环境对他们工作带来的影响。

为了适应新的工作方式，对于工作场所的理解也应该突破传统物理隔断的概念，应该要包含家庭工作和第三方场所工作的理念。通过技术的支撑，雇员要能够适应任何时间在任何场所的工作，并且其生产力和绩效表现都不会被环境体验所破坏。

大多数的工作场所，并不被设计成为有效进行核心机构商业变革的动力场所。很多组织也在努力制定适当的工作场所战略，以反映其品牌、强化其组织文化。

要想为新的工作方式制定有弹性的工作场所管理战略，机构和业务经理们必须：进行更高效、分裂性更小的工作场所重组；打造在精神上和身体上都能提供类似体验的无缝组织；营造一个能够取悦多样化劳动力的工作场所；制定工作场所解决方案和服务，保证员工的生产力和福祉。

3.1.6　物业服务

（1）人员管理　物业服务说到底是对人的管理，既有管理者内部人与人的管理，也有管理者与业主之间的管理。在空间和设施提供完善适用环境的前提之下，怎样才能满足使用者的感知非常重要。因此，服务人员的感受、反应和行为如何，对于设施和服务管理以及外包关系的成功至关重要。

不同的研究已表明，员工敬业度是诸如生产力、效率、客户关注度、服务品质和盈利能力等企业绩效的重要预测指标。换句话说，敬业度影响着服务行为，而服务行为是卓越客户体验的先决条件。提升员工敬业度的方式之一就是不断理解和强化共同工作目标与个体工作目标。有目标的工作让员工可被比日常工作和利润更宏大的东西驱动。这种驱动力是宏图大志，是企业愿景，是为了他人改变自己。

因此，当客户决定外包服务时，重要的是让涉及服务交付系统的所有员工都能理解并说清楚他们如何从集体角度和个体角度帮助客户实现目标。这可以通过专门的服务员工培训来实现。让外包服务员工知道如何最佳地展示客户品牌和业务价值，了解客户的需要、要求和行事方式，是客户组织和设施供应商双方的责任。

（2）服务管理　服务管理是当今所有组织的关键竞争参数。服务管理帮助组织发展服务交付系统，聚焦高品质、个性化的用户体验，打造让员工参与其中的服务文化，建立起对卓越服务的持续关注。

服务供应商要想获得竞争优势，就需要优化服务交付系统的设计，而该系统是基于用户视角对何以创造价值的深刻理解。为了实现这一目标，设施服务经理必须营造一种服务文化，让员工参与进来，通过服务战略设定超出终端用户不断增长的服务品质。这要求企业制定一种平衡的方法，首先识别、定义一种优良的终端用户体验，以驱动员工敬业度的共同使命感为高绩效的服务文化设定标准。

技术将成为更优质服务体验的巨大赋能者。技术将帮助设施服务经理衡量终端用户的行为、需求和满意度。有效利用技术让服务供应商能够采用一个框架来定制服务，以便将资源配置到事关终端用户和优化绩效的方方面面。

（3）影响服务管理的因素　诸如物联网、云计算、人工智能和机器人等正在出现的技术将改变服务的管理方式、终端用户与服务互动的方式，以及服务员工与经理和终端用户互动的方式。

①更大的多样性正指向新的用户细分，各个细分均有其自身的服务要求和期望。这些挑战创造了机遇，让企业发展新的基于文化的服务理念，通过跨文化学习提高服务绩效。

②随着不断增强的个性化和民主化，用户将逐渐有能力参与到服务供应中。服务供应商必须确定用户参与的程度，更好地适应其终端用户的需求。

3.1.7　环境与风险管理

环境与风险管理是环境风险评价的重要组成部分，也是环境风险评价的最终目的，其包括环境风险的减缓措施和应急预案两方面的内容。环境与风险管理主要是决策过程，也就是要权衡某项人类活动的收益及其带来的风险。

（1）基本内容

①风险防范与减缓措施。风险评价的重点在于风险减缓措施，应在风险识别、后果分析

与风险评价基础上，为使事故对环境影响和人群伤害降低到可接受水平，提出相应的减轻事故后果、降低事故频率和影响的措施。其应从两个方面考虑：一是开发建设活动特点、强度与过程；二是所处环境的特点与敏感性。

②应急预案。应急预案应确定不同的事故应急响应级别，根据不同级别制定应急预案。应急预案主要内容是消除污染环境和人员伤害的事故应急处理方案，并应根据要清理的危险物质特性，有针对性地提出消除环境污染的应急处理方案。

（2）基本体系

①防范及措施。首先要重视预防，环境风险的事前防范比事后的补救更加经济有效。具体措施有以下方面：

a.选址、总图布置和建筑安全防范措施：厂址及周围居民区、环境保护目标设置卫生防护距离，厂区周围工矿企业、车站、码头、交通干道等设置安全防护距离和防火间距。厂区总平面布置符合防范事故要求，有应急救援设施及救援通道、应急疏散通道及避难所。

b.危险化学品贮存安全防范措施：对贮存危险化学品数量构成危险源的贮存地点、设施和贮存量提出要求，使环境保护目标和生态敏感目标的距离符合国家有关规定。

c.工艺技术设计安全防范措施：设置自动检测、报警、紧急切断及紧急停车系统；防火、防爆、防中毒等事故处理系统；应急救援设施及救援通道；应急疏散通道及避难所。

d.自动控制设计安全防范措施：有可燃气体、有毒气体检测报警系统和在线分析系统设计方案。

e.电气、电讯安全防范措施：有爆炸危险区域、腐蚀区域划分及防爆、防腐方案。

f.消防及火灾报警系统：设有消防设备的配备、消防事故水池，以及发生火灾时厂区废水、消防水外排的切断装置等。

g.设有紧急救援站或有毒气体防护站。

②风险应急。风险应急管理最根本的目的是保障环境风险事故发生之后的危害能得以及时、有效的控制，从而保护环境风险受体的安全。风险应急工作的重点是应急决策及应急预案的建设，构建起及时、有效的环境风险事故的应急响应体系。加强环境风险应急管理工作的目的是预防和减少损害、降低污染事件的危害、保障人民群众的生命和财产安全。应急预案的制定主要可以分为应急组织管理指挥系统、整体协调系统、综合救援应急队伍、救助保障系统与救助物资保障的供应系统五个部分。而建立应急决策系统主要分为两方面：一是事故发生时对环境风险源的应急处理技术；二是环境风险源的规避、控制与管理技术。

③风险处置。风险处置包括对环境风险事故造成的环境污染后果进行合理的环境整治与恢复措施、对受难人员的帮助、对事故责任人的处理，以及对事故进行分析总结等。风险处置是环境与风险管理全过程管理的最后一个步骤，它是以清除事故带来的环境隐患，减缓其对环境的危害，消除环境风险事故造成的社会心理病痛，开展环境修复工作为目的。但目前，环境风险管理者普遍注重的是应急处置工作，而对环境修复的重视程度还不够，这将会加大风险事故的后续影响，对公众健康和生态环境造成进一步破坏。

3.1.8 其他系统与运维系统的数据交换管理

（1）集成平台与机电子系统的通信接口

①智能化管理系统集成平台与机电系统物理界面接口应满足表3-5中的要求。

表 3-5 机电系统物理界面接口标准

功能集	子系统	接口标准
安防管理	视频监控	基于 TCP/IP 的网络接口、RS485 串口
	防盗报警	基于 TCP/IP 或者 UDP/IP 的网络接口
	门禁管理	基于 TCP/IP 或者 UDP/IP 的网络接口
设备管理	暖通空调	基于 TCP/IP 的网络接口
	给水排水	基于 TCP/IP 的网络接口
	变配电	基于 TCP/IP 的网络接口
	公共照明	基于 KNX/EIB 总线接口
	夜景照明	基于 KNX/EIB 总线接口
	电梯运行	基于 TCP/IP 的网络接口或者 RS232、RS485 的串口
运营管理	客流统计	基于 TCP/IP 的网络接口
	停车管理	基于 TCP/IP 的网络接口
节能管理	能耗计量	基于 TCP/IP 的网络接口

②智能化管理系统集成平台与机电系统通信协议应满足表3-6中的要求。

表 3-6 机电系统通信协议标准

功能集	子系统	协议标准
安防管理	视频监控	Onvif、28181、SDK、RS485 协议
	防盗报警	OPC、SDK
	门禁管理	OPC、SDK
设备管理	暖通空调	OPC、BACnet
	给水排水	OPC、BACnet
	变配电	OPC、BACnet、ModBus
	公共照明	OPC、KNX/EIB
	夜景照明	OPC、KNX/EIB
	电梯运行	OPC、ModBus
运营管理	客流统计	OPC、SDK、ODBC
	停车管理	OPC、SDK、ODBC
节能管理	能耗计量	OPC、SDK、ODBC

③各机电系统应向集成平台提供基于信息点的数据交互方式，使得集成平台能够实时获取各机电系统的关键数据。

以嵌套方式集成的机电系统也应与平台进行数据交互，如在平台主页显示重要参数信息，但不要求在平台中进行地图绑点工作。机电系统嵌套方式为 web 页面嵌套或远程桌面嵌套，即在系统指定位置嵌入显示由机电系统提供的 web 页面或子系统本身的 windows 桌面内容，对嵌入页面进行的所有操作也均由机电系统直接执行。被嵌套机电系统页面在平台上的显示内容完全依赖于各嵌套子系统，其显示内容应嵌入主页面，不得脱离平台指定显示区域另起窗口进行显示，且平台显示被嵌套内容时应进行自动认证以提高用户友好性。

（2）远程访问服务的接口方式　为了方便对各个城市综合体进行区域级的集成化管理，智能化管理系统集成控制系统应预留远程访问接口。远程访问通过专网实现，采用 B/S 模式。在有权限的情况下，用户可以通过 web 浏览器，远程进入集成化管理系统平台。

3.2　设施管理的特点

作为一个新兴行业，设施管理有其自身的特点。归纳起来，主要有六点，即：专业化、精细化、集约化、智能化、信息化、定制化。

专业化：设施管理提供策略性规划、财务与预算管理、不动产管理、空间规划及管理、设施设备的维护和修护、能源管理等多方面内容，需要专业的知识和管理，有大量专业人才参与。另外，化工、制药、电子技术等不同的行业和领域，对水、电、气、热等基础设施以及公共服务设施的要求不同，所涉及的设施设备也不同，需求实行专业化服务。

精细化：设施管理以信息化技术为依托，以业务规范化为基础，以精细化流程控制为手段，运用科学的方法对客户的业务流程进行研究分析，寻找控制重点并进行有效的优化、重组和控制，实现质量、成本、进度、服务总体最优的精细化管理目标。

集约化：设施管理致力于资源能源的集约利用，通过流程优化、空间规划、能源管理等服务对客户的资源能源实现集约化的经营和管理，以降低客户的运营成本、提高收益，最终实现提高客户营运能力的目标。

智能化：设施管理充分利用现代 4C 技术，通过高效的传输网络，实现智能化服务与管理。设施管理智能化的具体体现包括智能家居、智能办公、智能安防系统、智能能源管理系统、智能物业管理维护系统、智能信息服务系统等。

信息化：设施管理以信息化为基础和平台，坚持与高新技术应用同步发展，大量采用信息化技术与手段，实现业务操作信息化。在降低成本提升效率的同时，信息化保证了管理与技术数据分析处理的准确，有利于科学决策。

定制化：每个公司都是不同的、专业的设施管理提供商根据客户的业务流程、工作模式、经营目标，以及存在的问题和需求，为客户量身定做设施管理方案，合理组织空间流程，提高物业价值，最终实现客户的经营目标。

3.3　物业管理与设施管理的区别

（1）现场管理与经营战略　物业管理是通过对客户生产经营现场的管理，以达到维持设施设备的正常运行，具体体现就是对现场的整顿、整理、清扫、清洁、维护和安全等。设施管理是从客户的需求出发，对企业所有非核心业务进行总体性策划，以达到降低运营成本、提高收益的目的，最终实现提升客户营运能力的目标，具有很强的战略性。

（2）日常维护与专业化管理、精细化管理　物业管理的主要工作内容为保安、保洁以及水、电、气、暖等设备的日常维护。设施管理从物业的成本分析、空间规划、标准制定、能源审核、风险许诺和发展策略方面为投资者提供专业化、精细化的服务，与建筑、不动产、经营、财务、心理、环境、信息等多个领域密切相关。另外，设施管理基于信息化技术，运用科学的方法对客户的业务流程进行研究分析，寻找控制重点并进行有效的优化、重组和控制，实现质量、成本、进度、服务总体最优的精细化管理目标。

（3）"保值"与"增值"　物业管理的工作目标是安全、卫生以及设施设备的正常运行，具有"保值"的特点。设施管理应用各种高新技术，向客户提供各种高效增值服务，以改善客户运营能力，提高收益。它从战略层次的高度和动态发展的全局整合的理念出发，在保证物业"保值"的基础上，还要实现物业的"增值"。

（4）关注现状与关注整个生命周期　物业管理关注的是已建成的物业和已装备的设施设备，它是对物业"现状"所进行的管理和维护。设施管理关注物业的整个生命周期，提供策略性长期规划，贯穿到物业或设施的可行性研究、设计、建造、维修及运营管理的全过程之中。

（5）人员现场管理与信息化管理　物业管理的活动，如保安、保洁、设施设备的维护以及能源控制、费用收取等，都是通过工作人员的现场作业完成的，属于劳动密集型产业，技术含量比较低。设施管理大量采用信息系统，通过信息化手段，在降低成本、提高效率的同时，保证了管理与技术数据分析处理的准确，属于知识密集型产业。

3.4　国内设施管理的现状及其存在的问题

目前国内对于设施管理的认识还非常有限，依然处在探索阶段，其发展还处在以住宅小区为对象的物业管理这样一个初级阶段，对于大型公用和商业设施的管理，还停留在维护管理这个层面，与专业化的设施管理相去甚远。国内设施管理在实践过程中主要存在以下问题：

（1）缺乏战略性的全局观念 不关注设施的全生命周期费用，在设计和建设阶段往往不考虑今后运营时的节约和便利，而过多地考虑了如何节省一次性投资，如何节省眼前的时间和精力。设备供货商往往较少考虑系统集成的协调和匹配。建筑物在建成交工以后，把物业管理仅仅看成是传统的房管所的功能，颠倒了与业主的关系。

（2）服务对象不明，不注重以人为本 认为只要设备无故障能运转便是设施管理的全部工作内容。设施管理的服务对象是人，应以为用户提供各种高效率的服务，改善用户的业务环境，以工作流程合理化和简洁化为目标，为用户营造一个健康、舒适、高效的工作和生活环境。

（3）管理水平低下、技术含量不高 国内的设施管理水平低下、技术含量不高，凭经验、凭设备等手工作坊式的运作还是目前国内设施管理的主流。

（4）人才严重匮乏 设施管理是一项量大面广、涉及关系较复杂的系统工程，随着城市化进程的加快、各种大型物业设施的大量出现，市场对从事设施管理工作的人员素质要求越来越高，目前符合现代设施管理发展需要的高层次、高素质的专业人才、管理人才、掌握多种技能的复合型人才都十分缺乏。

（5）理论探索滞后，基础研究虚浮 在发达国家设施管理早已经成为一个新兴的专门行业，有大量的研究者致力于设施管理的理论与实践研究。而我国对于设施管理理论的探索、研究却相当滞后，基本上还是一片空白，至于其基础研究，还只是限于物业管理领域的一些基础理论。

3.5 中国设施管理的未来发展

随着中国房地产业的持续蓬勃发展，全国各类场馆的迅速增加，丰富的物业类别与多元开发运营模式无疑是设施管理理论实践的最佳市场，就像住宅区物业管理是随着住房制度的改革发展起来的一样。政府办公楼、学校、医院、影剧院、博物馆、体育馆等公共设施的管理模式也会随着相关领域的改革而获得发展。此外，随着越来越多的大型企业意识到其物业资产在公司发展战略中的重要地位，现代化智能大厦和高新技术产业用房落成数量的不断增加，对于工作和生产空间质量要求的不断提高都会形成对高质量专业化设施管理服务的潜在需求，而目前我国设施管理的相对滞后更是造成了庞大的市场需求，因此中国的设施管理市场需求巨大，发展潜力强劲。

随着中国日益融入世界经济体系以及包括设施管理服务在内的专业服务的国际化发展，先进国家和地区的设施管理服务理念、模式和技术必将在中国找到其施展才能的舞台。希望越来越多的有志之士加入设施管理领域的研究，也希望中国设施管理行业能够迅速起步、发展，为整个设施管理行业的发展和全社会的可持续发展做出贡献。

第 4 章

资产管理

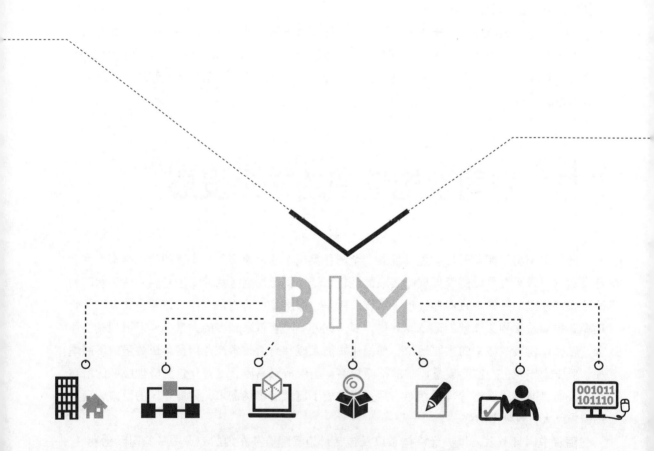

资产管理是通过运用信息化技术增强资产监管力度，降低资产的闲置浪费，减少和避免资产流失，使业主在资产管理上更加全面规范，从整体上提高业主资产管理水平。通过将各类资产信息录入到 BIM 及 FM 系统中，能够更加系统、全面地进行资产管理。

4.1 资产管理内容

（1）日常管理　主要包括固定资产的新增、修改、退出、转移、删除、借用、归还、计算折旧率及残值率等日常工作。

（2）资产盘点　按照盘点数据与数据库中的数据进行核对，并对正常或异常的数据做出处理，得出资产的实际情况，并可按单位、部门生成盘盈明细表、盘亏明细表、盘亏明细附表、盘点汇总表、盘点汇总附表。

（3）折旧管理　包括计提资产月折旧、打印月折旧报表、对折旧信息进行备份、恢复折旧工作、折旧手工录入、折旧调整。

（4）报表管理　可以对单条或一批资产的情况进行查询，查询条件包括资产卡片、保管情况、有效资产信息、部门资产统计、退出资产、转移资产、历史资产、名称规格、起始及结束日期、单位或部门。

4.2 资产管理方法

在工程移交时，设施经理的基本责任是，确保设施的固定资产能够提供设施中各个空间所需的服务，盘点那些需要管理、维护、使用耗材、定期检查等的资产。这些资产分为两类：第一类通常是透过计算机辅助设施管理（CAFM）系统所管理的资产；第二类是与建筑服务有关的设备与产品的资产。如空调（HVAC）、电气、给排水等，通常是透过计算机化维护管理系统（CMMS）来管理。

为了方便管理设施资产，并不需要知道每一个设备的绝对位置。只要设备能被确定是位于某一个特定的空间，那么技术员就能够执行该设备所需的维护与修理。因此，要求所有产品与设备都能被确定在某个特定的空间中。此外，若设备是隐藏在墙壁内、楼板下、天花板上等一些室内看不到的地方，也可以包含在信息管理系统中。

4.3 资产管理实施

4.3.1 资产管理在物业管理中的作用

我国鼓励物业服务企业开展多种经营，积极开展以物业保值增值为核心的资产管理。从传统的物业管理服务向现代化服务业转型升级，是物业管理行业发展的方向。物业经营管理的未来发展是行业能否可持续发展的关键，是决定物业管理行业向现代服务业转型升级的进程和效果。

物业资产运营商又称物业资产管理模式，是伴随着物业从消费功能向投资功能扩展，是从使用价值向交换价值提升而衍生的高级商业模式。其特征是业主不仅将物业硬件的日常维修、养护和管理工作委托给物业服务企业，而且将资产属性不动产的日常投资、经营和管理工作（如租务管理、物业招商、营销策划、销售代理和不动产融资等）委托给物业服务企业。其实质是物业服务企业利用客户资源和专业技能，同时为业主提供传统物业管理和不动产投资理财两项服务，从而获取物业服务费和资产管理佣金的双重收益。这就是建立在物业管理平台上的物业经营管理。

4.3.2 资产管理的主要类型

目前，我国物业服务企业开展的资产管理大致有以下三种形式。

（1）专业服务 专业服务是指物业服务企业凭借自身的专业知识、技术能力和管理经验，以房地产开发建设单位、其他单位以及业主等受众群体为对象，有偿提供专业意见、咨询服务和操作方案等综合性服务行为。物业服务企业既可以提出方案，全程参与方案的实施，也可以仅提供专业意见或方案，由服务需求方自行组织实施。

（2）多种经营 多种经营是物业服务企业为满足业主、物业使用人等客户日常衣、食、住、行、游、娱、购等生活与工作多方面、深层次需求。多种经营包括物业服务衍生服务、代办服务和咨询服务等。

（3）资产经营 资产经营是物业服务企业充分利用自身的综合优势与综合能力，对业主共有或专有的资产实施经营管理，并获取相应利益的综合性活动。资产经营的对象主要是不动产，其产权归属主体既有房地产开发建设单位，也有业主或其他单位。资产管理主要是受委托经营管理，经营的方式既有自营，也有合作经营。

4.3.3 国内外资产管理经验借鉴

（1）中国香港地区的资产管理

①公营房屋的资产管理。针对公营房屋物业，香港实行的是物业管理私营化，如将房屋的物业管理与租务管理相分离。

②私营房屋的资产管理。香港地区的私营房屋主要由一些大型企业管理为主，这些机构不仅可为业主、租客及投资者提供综合的物业服务，同时亦考虑跨国企业、大型金融机构、政府、公营机构及世界各地发展商的需要，提供在商业、财务、物业、经济及政策上的解决方案，专业顾问服务可涵盖物业投资组合管理、建筑顾问、估价，并协助提升物业资产价值。

③设施物业的资产管理。香港地区现在很多大机构越来越多将它们的物业设施交由设施管理公司代管，以达到理想的成本控制及营运效益。

（2）中国台湾地区的资产管理现状

①台湾地区资产管理的界定。台湾地区物业管理以实现整合业界软硬件标准化系统、提升服务质量为目标，将物业管理服务业产业范畴根据其服务项目分为三类：第一类是建筑物与环境的使用管理与维护；第二类为生活与商业支持服务；第三类则是资产管理，包括提供不动产经营顾问、开发租赁及投资管理等服务。

②台湾地区资产管理的内容。

a.不动产经营顾问服务，如提供不动产鉴定、估价等；

b.不动产开发租赁服务，如提供不动产的市场研究、开发、租赁、代理等；

c.不动产经纪服务，如提供不动产的代销、中介等；

d.不动产投资服务，如提供不动产的投资管理、收益等服务；

e.其他服务，如提供不动产证券化、经纪等服务。

大陆的资产管理的外延包含台湾地区的物业管理、生活与商业支持服务以及部分资产管理的内容。

（3）美国的资产管理

①物业管理衍生性服务。除常规性物业管理服务外，团队同时努力为居民创造一种既舒适又有人情味的居住环境。如在住宅区内，购进一流的管理设施，如开设超市、图书馆、餐厅、理发室等。

②物业经营。团队依托于常规物业管理参与物业的经营，从事物业租售代理、估价、咨询等。

③资产管理。美国物业管理行业所从事的资产管理是通过资本运作，使其成为一种新的资本，增强资产的流通性，成为新的利润增长点，如抵押贷款证券化、房地产投资信托基金等。

4.3.4 资产管理未来发展的广度与深度

学者谢家瑾"纵向延伸至房地产业的整个链条、横向涵盖消费者个性化需求"的观点，指的就是在物业管理平台上开展资产管理。包括：

（1）深度纵向突破

①上游环节。向上游环节拓展资产管理是指物业服务企业利用物业管理的优势，为开发商规划、设计、施工、销售和管理物业项目提供专业服务和资产经营。这类业务专业服务技术含量高，对物业服务企业要求高，盈利水平也高且市场巨大，是物业服务企业向物业管理的上游环节拓展资产管理的重点。

②下游环节。向下游环节拓展资产管理是指物业服务企业以业主及其他单位传统物业管理相关需求为基础，提供多种经营（如代办服务）、资产经营（如建立租售中心）、专业服务（如设计装潢）。

（2）广度横向突破　横向突破的形式包括战略合作和商业合作。战略合作主要是以企业扩展、市场占有率等为主题的合作模式。商业合作主要是以利润、满足业主需求等为主题的合作模式。开展横向的战略合作与商业合作，不仅可以丰富物业管理内容，实现物业服务企业、合作伙伴与客户三者的共赢，增加企业经营利润；而且可以通过与合作伙伴进行优势互补，提升物业服务水平与档次。

4.3.5 资产管理发展对物业管理行业的影响

行业核心产品是指特定行业为客户提供具有独特价值的、竞争对手在短时间内无法模仿的各种知识、技能、技术、管理等要素的有机结合。

核心产品代表行业的核心竞争力，一个行业的核心产品并非决然不变；随着行业发展内、外环境的变化，行业的核心产品也需适时做出调整和变更。我国物业管理行业发展的早期，行业的核心产品定位于秩序维护、清洁绿化、物业维护等传统服务项目。随着行业发展，行业核心产品不再限于传统物业服务内容，资产管理也逐渐被纳入行业核心产品范畴。传统物业管理与资产管理相结合而构成的核心产品是物业管理行业的核心竞争力。

传统物业管理、多种经营、专业服务与资产经营之间既相对区别，又相互配合，它们共同促进物业管理行业宗旨的践行和实现。这种经营管理提升了物业管理整体技术含量，增加了行业利润点，提高了行业创富能力，能实现行业发展由粗放型、劳动密集型向集约型、技术知识密集型的转变，促进行业转型升级。

4.4 资产管理的作用

（1）资产的保值和增值　与以满足使用价值为主的普通居住物业不同，物业资产运营商模式主要面向具有较高利润回报的办公、商业、休闲娱乐等收益型物业，与以委托物业共有部分为主的基础服务模式不同，物业资产运营通常包含物业专有部分以及建筑物的整体委托。有效实现资产的保值增值，可以保障所有者权益、增加经营者效益、提高使用者舒适度等，实现多方共赢。

（2）运营安全分析和策划　物业服务企业要有较强的风险管控能力。与物业服务集成商模式旱涝保收的低收益不同，物业资产运营商模式较高的商业利润必然伴随着较高的商业风险。企业的资本运作能力和风险管控能力，不仅是业主进行商业决策必须考查的信用基础，而且是物业服务企业成功运营物业资产的安全保证。

（3）项目的运营资产清查和评估　物业资产管理模式要求物业服务企业不仅具备建筑物及其附属设施的维修、养护技能，而且应当具备市场研究、投资策划、资产评估、财务分析等物业经营管理的综合性的专业能力。

在资产评估过程中，可发现项目在资产管理、经营过程等方面存在的问题和不足，充分揭示项目的有形资产和无形资产的真实价值。对项目运营资产做到心中有数，进而变被动管理为主动管理，使之规范化，并能够为经营者提供管理信息、决策依据。

（4）项目的招商策划和租赁管理　目前我国物业经营管理运行中，资产管理的运作形式大致有三种。

①自营。自营是指物业服务企业自行组织开展资产管理活动，并对服务的过程和结果承担全部责任。如物业服务企业扩大经营范围，以管理部为服务单位或建立专门部门为业主代租、代售物业。

②提供交易平台。提供交易平台是指物业服务企业只提供交易平台并负责管理，提供技术支持等，但不参与交换的服务形态。如通过电子商务平台，整合供应商资源直接向业主提供日常生活所需产品与服务；物业服务企业搭建经营场地，组织小区跳蚤市场等。

③合作经营。合作经营是指物业服务企业与其他经营主体合作，共同开展资产管理经营。如业主提出直饮水需求，最佳的路径是物业服务企业依据业主需求联系销售商为业主安装直饮水设备，而非自行研发、生产和销售。从资产管理经营实践来看，合作经营是当前较普遍的运作形式。

第 5 章

可视化维护管理

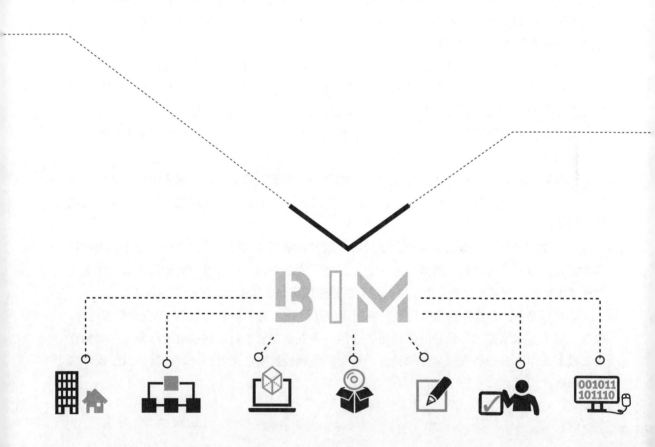

5.1 设施设备维护管理的定义及内涵

所谓设施设备维修管理，是指依据企业的生产经营目标，通过一系列的技术、经济和组织措施，对设备寿命周期内的所有设备物质运动形态和价值运动形态进行的综合管理工作。什么是维修？英国相关标准关于"维修"的定义是："各种技术行动与相关的管理行动相配合，其目的是使一个物件保持或者恢复达到能履行它所规定功能的状态。"

民用建筑领域的 BIM 技术被大量广泛长期地运用，如何运用好三维可视化的 BIM 模型资产，形成优秀的可视化建筑运维系统，是建设先进智能建筑、引领智能建筑全生命周期管理潮流的重要举措。依托移动化 3D 空间技术构建的新一代运维管理系统，系统具备模型轻量化能力及在国际上极具竞争优势的引擎，综合运用移动 APP 技术、民用建筑领域级物联网技术和大数据处理技术，可以做到日常运维管理、设备监控、移动作业、BI 分析。系统主要提供空间管理、设备台账管理、人员及组织架构管理、资产维保管理、应急销缺管理、调度管理、维保知识库、设备设施监控、二次装修及工程管理、统计分析等功能。

5.1.1 主要内容

①依据企业经营目标及生产需要制定设备规划。

②选择、购置、安装调试所需设备。

③对投入运行的设备正确、合理地使用。

④精心维护保养和及时检查设备，保证设备正常运行。

⑤适时改造和更新设备。

设备维修体制的发展过程可划分为事后修理、预防维修、生产维修、维修预防和设备综合管理五个阶段，并向智能化维修方向发展趋势。其九项制度包括：设备点检管理制度、设备定修管理制度、设备技术状态管理制度、设备检修工程管理制度、设备维修技术管理制度、设备事故故障管理制度、设备使用维护管理制度、设备维修备件管理制度、设备维修费用管理制度。基于 BIM 的设施设备运维管理内容如图 5-1 所示。

图 5-1　基于 BIM 的设施设备运维管理内容

5.1.2　存在问题

轨道交通运营企业是技术密集型的企业,有供电、通号、工建、机电等十六个专业,设备种类众多并且数量巨大,设备的管理、维修、维护、保养及相关设备状态管理十分复杂,是安全运营的关键。传统的设备维护管理方式是依靠企业员工进行手工式管理或简单的软件管理,这就造成诸多管理上的缺陷,主要表现在以下几点:

①设备基础数据管理不够规范和完善,难以制定较为完备的设备维护、维修及保养计划。

②现在一些已有信息管理系统通常只是表格化管理,无法充分反应基础设施在图形方面的天然属性和隐蔽特性,管理人员无法对客观存在的诸多管线的空间分布、交叉排列等状况获得明确直观的信息,造成管线资料不齐全及没有空间位置关系,无法指导一些临时工程的施工。

③大规模的基础设施和设备的应用,附带了大量的设计图纸和文档、说明书及其他电子化资料,这些资料数量非常庞大,保管分散,难以迅速检索和查阅。

④对设备维护维修过程性记录不完备,无法指导设备维修和质量评价。资料是纸质的或标注式 CAD 文件,具有专业性,用户无法掌握修改方法,造成图纸和实际情况的不一致,同时纸质资料容易丢失。

⑤没有智能化的设备检修信息管理和流程传递功能。无法实现设备的快速维修,对维修费用无法进行更科学的分析。由于各专业特点差异较大,传统的管理软件无法实现有针对性的专业化管理。

5.2　维护管理的功能及目标

维护管理的功能是实现设备系统功能从当初的正常到维持持续正常,维护管理的目标是实现人员技术成熟,设备可靠度提升,流程更加顺畅,企业运作更加高效。要实现以上功能与目标,需要不断创新设备管理手段,借助先进管理技术和工具。所以基于 BIM 的可视化设备设施管理,能够提高设备设施管理水平,规范工作流程,实现对设施设备生命周期的全过程的管理,达到降低总体维护成本、提高设备使用效率的目的,成为运营的综合信息平台和高效的管理手段,有效节约设备管理成本,达到提高企业设备管理水平和投资效益的目的。

（1）系统目标　基础设施和设备可视化管理是基于 BIM 技术和设备管理需求相结合的可视化管理系统。通过构建系统的人机交互界面及设备、管道和线缆的 BIM 模型,实现对整个车站及区间空间的分布展现,实现设备的可视化管理;实现设备检修维修的规范化管理;对设备、管线及相关基础设施的属性数据实现查询、统计功能。对运营过程中的设备管理、安全管理提供技术支持。

基于BIM技术和设备管理包括车站三维模型建立、机房三维展现、各类机电设备模型建立、机电设备布局、管道缆线的空间关系展现管理等。建立车站及车站内各机电设备完整的数据，实现"集中规划、统一管理、直观查看"，保证机电设备合理、有效的使用和管理，保证系统的安全运行。

（2）系统组成　基于BIM技术和设备管理的综合信息系统包含有多个系统，主要有：线路区间地理信息系统；车站及附属建筑三维管理系统；设备三维可视化管理系统；管线三维可视化管理系统；设备维保管理系统。

（3）系统的特点　系统的特点主要有：高度集成的信息管理平台；三维图形化与现实设备的结合；管道缆线的空间关系展现和可编辑性；强大的专业设备编辑和管理功能；完备的基础数据管理功能。

（4）系统先进性

①强大的管理功能：系统是一个设备资源及业务流程信息的综合管理平台，覆盖了设施设备系统大部分专业及其设备设施。功能强大，简单易用，可满足现代化的设施设备系统设备管理、备品备件管理及业务流程需要，体现设施设备系统设备和设施管理信息系统的发展趋势。

②逼真的显示方式：该系统采用了国际先进的三维图形处理技术平台，利用BIM虚拟现实技术，构建和车站高度一致的车站模型图，具有俯瞰、漫游、缩放等功能，栩栩如生，犹如身临其境一般。

③可扩展性：该系统集成设施设备系统的基础设施、机电设备的综合信息，图形功能强大，是一个大数据平台。因此，可在该系统平台上集成各种扩展应用，如虚拟仿真培训、自动化数据集成、视频监控、事故演练等。

④适用性：系统的兼容性好，与现存的设备报表资料、备品备件资料及相关设备文件互相兼容，可以充分利用现有的图形和数据资料，可以智能地导入部分文本数据、CAD数据和Revit数据。

⑤系统架构先进：系统使用先进的计算机技术进行设计开发，组成形式采用C/S模式和B/S模式相结合的形式，三维显示采用国际最先进的驱动引擎，设备模型处理采用图库模一体化建模，专业管理采用逻辑关联和逻辑分析技术等，总体技术水平达到国内领先水平。系统可以满足用户实时、并发、快速访问系统数据库的要求。

建筑信息模型（Building Information Model，BIM）技术通过3D数字化技术为运维管理提供虚拟模型，直观形象地展示各个机电设备系统的空间布局和逻辑关系，并将其相关的所有工程信息电子化和集成化，对MEP的运维管理起到非常重要的作用。其中，BIM是以三维数字技术为基础，集成了建筑工程项目各种相关信息的工程数据模型，是对工程项目设施实体与功能特性的数字化表达。近十年来的研究和应用表明，BIM对于支持传统建筑业的技术改造、升级和创新，具有巨大的应用潜质和经济效益。

5.3 设施设备运维管理系统简介

基于从设计和施工阶段所建立的面向机电设备的BIM模型，创建机电设备全信息数据库，用于信息的综合存储与管理。在此基础上，开发基于BIM的建筑机电设备运维管理系统（BIM-MEP-FMS），其目的一方面是实现MEP安装过程和运营阶段的信息共享，以及安装完成后将实体建筑和虚拟的机电BIM模型一起集成交付；另一方面是加强运营期MEP的综合信息化管理，为保障所有设备系统的安全运行提供高效的手段和技术支持。其相关功能如下：

（1）信息数据接口 海量的信息录入是一项非常烦琐的工作，为了能更方便快捷地录入数据，系统提供了包括界面操作、Excel文件导入等多种录入数据的方式以满足用户的不同需求。即用户一方面可以通过操作图形界面，批量地添加属性信息，并个别地进行修改，也可以借助Excel等工具，快速创建属性信息。

（2）建立上下游关系 在项目中，成千上万的构件形成了错综复杂的结构关系。为了更好地对构件进行管理和辅助应急事件处理，需要建立构件之间的上下游关系。系统中，把构件的控制构件定义为其上游构件，把构件所控制的构件称为其下游构件。以暖通系统为例，风管的上游构件为风机，下游构件为风阀（风口终端）。通过在系统的图形平台中选择上下游构件，可快速建立其上下游关系。

（3）知识库管理

①图纸管理。图纸管理中包含了与项目相关的所有图纸，按照图纸的不同用途以及所属不同的专业进行分类管理，同时实现了图纸与构件的关联，能够快速地找到构建的图纸，同时实现了三维视图与二维平面图的关联。用户通过选择专业以及输入图纸相关的关键字，快速地查找图纸，并且打开图纸。

②培训资料与操作规程。知识库中储存了设备操作规程、培训资料等，当工作人员在操作设备的过程中遇到问题时，可以在系统中快速地找到相应的设备操作规程进行学习，以免操作出错导致损失，同时在新人的培训以及员工的专业素质提升方面也提供资源支持。

③模拟操作。模拟操作是通过动画的方式更加形象、生动地展现设备的操作、安装以及某些系统的工作流程等，同时在内部员工的沟通上也有很大的帮助。模拟操作设置方式为：添加模拟操作的名称，为该模拟操作设置构件模拟顺序，在设置模拟顺序时，用户可以通过设置每一步的颜色以及透明度，让模拟操作更加形象生动。

（4）信息的应用

①信息检索。信息检索功能让用户快速地找到需要了解当前系统的构件信息、图纸信息、备品信息、附件信息等，从而更加清晰了解项目的规模以及项目当前信息情况，并且导出数据报表。

②关联查询BIM-MEP-FMS。系统中的所有信息都形成一个闭合的信息环。即通过选择

机电设备，可快速查询与其关联的所有信息和文件，这些文件包括图纸、备品、附件、维护维修日志、操作规程等。同时，也可以通过查询图纸等信息，定位到与之相关联的所有设备构件。闭合的信息环为运维人员掌握和管理所有的设备和海量的运维信息提供了高效的手段。

③统计分析。系统中存储和管理着海量的运维信息，而统计分析功能则可以让运维人员快速地获取有用的和关键的信息，直观地了解到各个系统或各个构件当前的运行状况，为项目管理提供数据支持。为了让用户更好地进行数据对比，系统提供了直方图、饼状图、bar 图等统计图表供用户选择。

5.4 设施运营管理的信息化

5.4.1 设施运营管理信息的内容及特点

设施运营管理处于项目的运维阶段，这是项目的最后一个阶段。它的信息量相当大，不仅需要本阶段的信息，还需要包括全寿命周期中其他各阶段的信息，如设施管理的信息，包括竣工阶段的变工图纸、竣工验收资料、设备初始信息和运行记录等。设施运营管理信息的特点有以下四点：

（1）信息数量庞大 设施管理信息不仅包含设计阶段的设计图纸信息，还包含施工阶段的签证信息、各种修改信息、竣工阶段的竣工图信息以及设备本身的信息等，信息量相当庞大。加上各种图信息的格式不一样，使得现在的信息技术不能有效的集成。因此，设施管理人员在设施管理实践中不能快速查找到所需的信息，造成管理效率低下。

（2）信息源多，储存分散 建设项目信息来自全寿命周期各个阶段的各个参与方的各种不同专业，各个阶段的各个参与方都会产生自己的信息，信息来源很多。而且各个参与方都将自己的信息储存在自己的系统中，便使信息处于极度分散的状态。同时各个参与方使用的信息储存软件也不尽相同，致使信息格式不同，不能实现信息共享。

（3）信息类型复杂，不利于保存和提取 按照不同的分类标准，建设项目信息可以分为不同的类型。按照项目划分，有决策信息、设计信息、施工信息、运营信息等；按管理的目标划分，有投资信息、质量信息、进度信息、安全信息等；按存储形式划分，主要有两种形式：一类是结构化信息，这类信息是数字型信息，是确定的；另一类是半结构化或非结构化信息，主要是指工程上的照片、图像、文字等多媒体数据。信息类型的复杂，使信息不利于保存和提取。

（4）信息的动态性 一个建设项目从开始立项到竣工完成、运行，少的要花费几个月的时间，多的要几年甚至十几年的时间。每个时间点都会产生新的信息，信息始终处于不断变化之中。信息的这种动态性使得对信息的有效管理必不可少，但也相应地增加了信息管理的难度。

5.4.2　设施运营管理信息化的重要性

最近几年，信息化技术日新月异，可以说每个国家、每个行业都需要先进的信息技术来满足其发展需求。建筑业作为国民经济的支柱产业，更需要先进的信息技术。设施运营管理处于整个工程项目生命周期的最后一个阶段，也是最长的一个阶段，更需要信息化技术来进行有效管理。设施运营管理信息化可以促进设计和施工阶段的信息在设施管理中的共享和利用，从而使设施运营管理能够充分利用设计和施工阶段的资料和数据，减少信息障碍，实现设施的有效管理。

我国设施运营管理信息化经历了十几年的发展，设施管理在最初是采用手动纸质管理方式，然后采用了一些简单的计算机技术。后来，由于设施管理的不断发展以及企业对设施管理要求的不断增加，迫使设施管理发展出来较为综合的系统，于是 CMMS 出现了。CMMS 是最早的系统化的软件工具，后来随着 IMA 在 20 世纪 80 年代初对 FM 进行了大量的研究和定义，CAFM 诞生了。Archibus 于 1982 年发布第一套设施管理软件。在这次演化中，CAFM 系统将 CMMS 系统作为自己的一部分，也就是说 CAFM 系统里包含了 CMMS 系统的功能。21 世纪之后，产生了 IWMS 的概念，将 FM 的领域又进一步扩大，相应的软件系统 IWMS 也涵盖了相当多的领域。虽然目前尚无一个软件覆盖所有的设施运营管理领域，但是已有几种系统的功能基本上把能够信息化的工作都做成软件进行管理，也就是 BIM 技术。

5.5　构建基于 BIM 的维护管理系统平台

5.5.1　构建基于 BIM 的设施管理框架

设施运营管理处于项目的最后一个阶段，同时也是时间最长、费用最高的一个阶段，需要项目设计、施工阶段的很多信息。设施管理本身也会产生很多信息，因此信息量巨大，信息格式多样，而传统的设施管理方法无法处理如此庞大的信息。将 BIM 运用到设施管理中，基于 BIM 的设施管理框架构建的核心就应该是实现信息的集成和共享。基于 BIM 的设施管理框架的构建主要考虑以下三点问题：

（1）数据集成共享问题　设施运营管理过程中，不同的功能子系统软件产生的信息格式不一样，为实现 BIM 数据和其他形式数据的集成和共享，保证设计阶段和施工阶段的信息能够在设施运营管理中持续应用，且避免重复输入，就需要建立一个数据库。该数据库能够保证建设项目全生命周期信息的保存、集成、共享和提取，该数据库也是基于 BIM 的信息管理框架的基础。

（2）系统功能实现问题　对信息进行存储和管理的最终目的就是有效地把信息应用到设施运营管理的各个系统中，因此，可将管理框架的中间层作为系统应用层，该应用层的建立是为了实现设施管理的各个系统的应用功能以及各系统之间的集成。

（3）客户端权限问题　客户端最主要的目的是通过权限控制来保证信息安全，设施运营管理过程中，确保数据的安全是非常重要的，不同的用户允许访问的数据是不一样的。BIM 技术可以实现完善的文件授权机制，满足用户对数据访问控制的需要。

目前相关技术在设施运营管理中的应用是孤立的，虽然单独应用某项技术给设施管理带来了很大好处，但远远低于各项技术集成应用所带来的效益。BIM 技术及其相关技术的出现为设施运营管理带来极大的价值和便利，尤其是项目全生命周期内信息的创建、共享和传递，能够保证各阶段参与方的有效沟通。只有将相关信息技术进行集成，并构建基于 BIM 的设施管控体系，才能消除传统信息创建、管理和共享所出现的各种弊端，更好地实现设施运营管理信息化，才能提升运营管理的效率。结合 BIM 技术的特点，将其自身优势加入到设施管理中，BIM 技术的设施运营管理框架体系包括以下三个层次：

（1）数据共享层　数据共享层的主体是一个 BIM 数据库，该层的目的是实现建造阶段信息与设施设备运营管理的共享，建造阶段信息不仅包含设计阶段和施工阶段的信息，还包含前期决策过程中产生的信息，庞大的信息需要通过一个 BIM 数据库进行统一的管理。

（2）系统功能层　它在数据共享层的基础上搭建的，其目的是针对不同的用户需求采用不同的功能模块，反映了设施运营管理各方面的应用需求，包括任务发布、日常管理、应急管理、空间管理和资产管理等，系统功能的关键是各个功能模块的融合。

（3）客户端　它在框架的最上层，其目的是允许不同等级的用户或管理人员查看不同级别的信息或进行不同级别的管理操作。

5.5.2　构建基于 BIM 技术的设备运维可视化

建筑设备的可视化管理需要将管理的对象用形象的方式来体现，如用规格、材质、色彩、字体、图形、实例等方式来进行具体可视化表达，实现可视化管理的标准化，使任何人都可以方便、简洁地进行管理及操作。在建筑模型中，录入设备相关信息之后，可得到信息集成的 BIM 模型，利用 BIM 模型提供的可视化操作平台，将设备状态信息（包括设备运行维护状态、合同纠纷状态、成本控制状态、处置决策等信息）用直观的图形、颜色等方式进行可视化表达。

图 5-2 为系统构建车站的三维模型，可以此为交互平台加入各专业设备（通信、信号、供电、通风与空调、给排水与消防、FAS、BAS、AFC、自动扶梯与电梯、安全门、门禁等）、管道（给排水、消防、通风、供热、AFC 管线等）和缆线（动力电缆、控制线缆及线槽、桥架等）三维模型，在一个图形平台下，根据各专业不同特点分别进行管理。

图 5-2　系统构建车站的三维模型

5.5.3　构建基于 BIM 维护管理系统架构与关键技术

BIM 技术是实现设备运维管理的核心，但仅有 BIM 模型是不够的，加之设备运维阶段所需处理的数据庞大且凌乱，因此需要依据 BIM 模型的特性进行针对性的软件开发，设计基于 BIM 的建筑设备运维管理平台系统架构，见图 5-3。利用平台所具有的高度集成性、协同性与可扩展性可实现设备运维管理过程中的信息流通和资源共享，提高管理效率。

系统自下而上分数据层、服务层、业务层、传输层和应用层。最底层的数据层由运维数据和模型数据组成。运维数据包括设备日常运维过程中产生的各种基础业务信息，模型数据包括二维图纸和建筑信息模型等信息，二者共同构成了设备运维管理的核心。服务层基于

REST（representational state transfer，表现层状态转移）服务搭建，解决了传统业务服务环境显示效果差、反应迟滞和交互能力不理想等问题，而且轻量级的 REST 调用服务具有易开发、易维护等优势。业务层根据运维的实际工况需求制订，主要有设备基本信息管理、运维人员管理、应急管理等，该层功能可根据运维现状的不同需求做相应的扩展。传输层通过广域网或局域网实现应用层与系统底层的数据交换和信息处理。应用层支持 PC 浏览器和移动终端 APP 等多种应用形式，方便运维人员在多种工况下接入该系统，如图 5-4 所示。

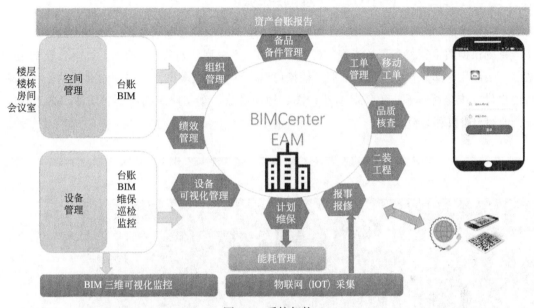

图 5-3 系统架构

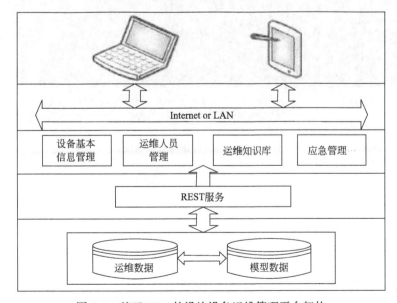

图 5-4 基于 BIM 的设施设备运维管理平台架构

5.6 基于 BIM 的可视化轨道交通维护管理系统

5.6.1 车站 BIM 三维模型

系统根据图纸资料和现场资料构建各车站的三维模型，如图 5-5 所示。其一般分成地面、站厅、站台几个部分，可以分别加载，模型可以去除或透明墙壁，以显现内部的设备和设施。系统提供三维坐标体系。系统具有小地图、地面隐藏、车站建筑物屋顶、墙体隐藏等功能，以方便用户查看和编辑数据。

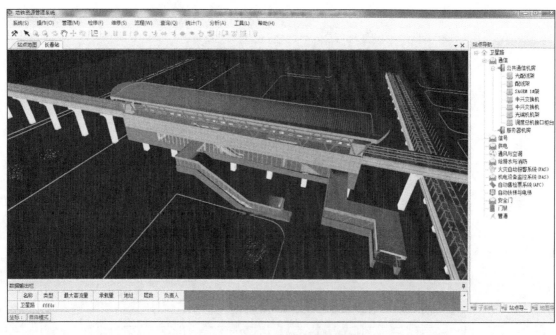

图 5-5 基于 BIM 的车站三维图

5.6.2 区间管理

可以通过电子地图模式打开建立好的区间模型（图 5-6），区间模型与实际的区间隧道相对应，包括区间里的泵房、配电室等机房和设备，可以查看区间模型里设备的台账信息。

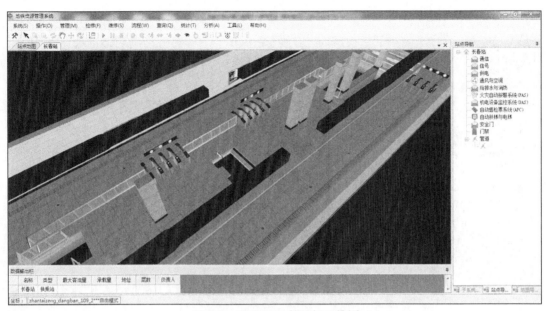

图 5-6　基于 BIM 的区间三维图

5.6.3　车站设备及机房管理

系统提供机房管理功能。可以查看车站内部各专业机房的布局，单一机房也可以独立显示，可以提供机房的空间尺寸标注，如图 5-7 ～图 5-9 所示。操作人员可以在车站场景中漫游行走，直接观察整个车站内部的场景。可观察标志标识，确认其合理性。漫游线路可以由用户规划。

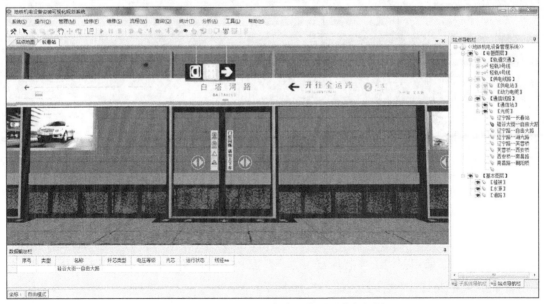

图 5-7　基于 BIM 的车站设备（屏蔽门）图

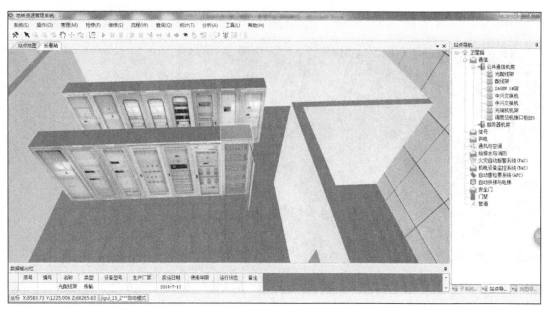

图 5-8　基于 BIM 的车站电气设备图

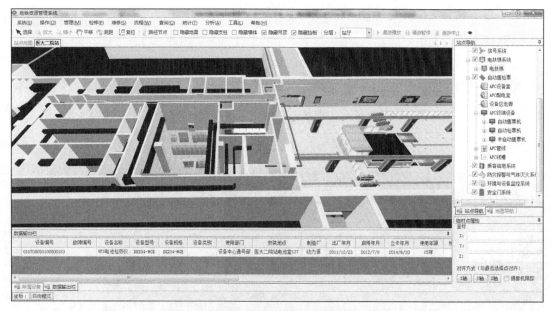

图 5-9　基于 BIM 的车站设备房间分布图

在 BIM 空间中，可以查看具体的设备信息，包括设备编号、设备名称、设备型号、设备规格、设备类别、使用部门、安装地点、生产厂家、投运日期、使用年限等，系统可以为每种设备单独定义自己的属性参数，如图 5-10 所示。

图 5-10 基于 BIM 的车站配电箱（柜）图

5.6.4 设备台账管理

系统提供全面的设备台账管理功能，车站内的各种主要设备均显示在车站建筑物的场景内，完全按照现场的实际位置进行布局。BIM 模型在输出窗口显示设备的台账信息，台账信息可以编辑和修改，也可以通过专门表格导入，从而可以非常形象地再现真实场景。

（1）设备台账录入 在设备台账管理中，车站场景中每一设备与现实设备唯一对应（图 5-11），可对场景中的设备录入实际的台账信息，方便管理人员检索查看。

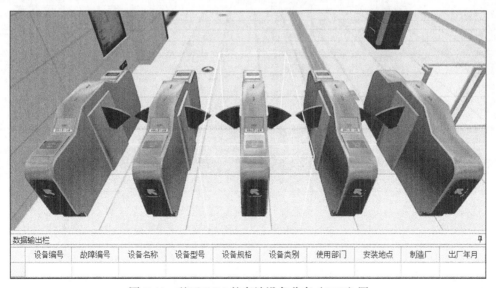

数据输出栏									⊄
设备编号	故障编号	设备名称	设备型号	设备规格	设备类别	使用部门	安装地点	制造厂	出厂年月

图 5-11 基于 BIM 的车站设备分布（AFC）图

（2）设备台账修改　　修改数据是对数据表中记录的数据进行修改，或是导入现存设备记录表格进行绑定。设备台账管理是用户操作的主要内容之一，因为输入的数据不可能永远不出差错。另一方面，由于设备随着使用年限的增加，设备的性能也会变化。因此"基础设施和设备可视化管理平台"设计可以与设备每一参数字段的数据字典关联，系统操作人员或用户只需简单选择就可以对数据台账进行修改。

（3）设备台账导入　　对现存的设备台账（主要是记录设备的 Excel 表格）导入到系统中，减少设备台账录入的工作量，方便用户录入，导入的设备台账信息与设备进行一一关联对应，进行信息查阅。

（4）台账信息关联　　系统可以导入现存的设备台账表格，与 BIM 场景中的设备进行关联。BIM 场景设备与现实设备唯一对应，每种设备都有相应的属性台账信息，导入的表格信息与 BIM 场景设备可进行绑定，记录此设备的所属台账，见图 5-12（a）。

（5）所属设备关联　　在设施设备系统中，设备种类繁多复杂，其中有的设备，本身既是设备又包含其他子设备或者主要零部件，系统以 BIM 形式展现设备，以表格的形式表现设备所包含的子设备或主要零部件，进而可完整地展现所有设备的台账信息，见图 5-12（b）。

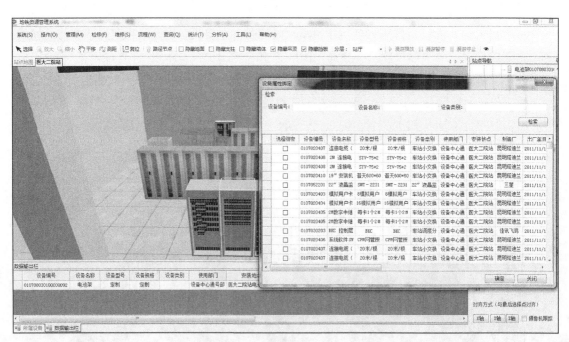

（a）

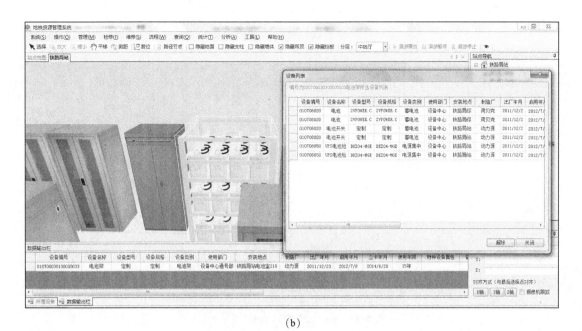

(b)

图 5-12 基于 BIM 的设备台账

5.6.5 设备分类查询

（1）设备分类查询 用户可按指定的车站或专业（通信、信号、供电等）条件对设备进行查询并产生报表，如可按站名、线路、年代、生产厂家、型号、安装单位等单个条件或组合条件来查询，也可以单击设备目标来快速查询。查询结果可以用表格、统计图、文字等多种方式输出，点击查询产生的报表还可反向显示目标的位置。此功能可帮助用户快速地了解设备的布局及相应属性的资料，见图 5-13。

（2）设备综合统计 用户可按条件或自定义条件对设备进行统计并产生统计图及报表。可以按照线路、车站、生产厂家等不同的条件进行统计，还可以进行各种业务统计，如设备检修统计、设备维修统计、数据利用统计等。此功能可应用于公司的月报、季报及年报统计。

此项最能体现计算机在设备管理中的优越性。以往诸如"根据设备编号查询该设备的其他参数""统计现有设备的设备净值"等工作都要靠人工完成，无法做到高效、准确。现在可以利用"基础设施和设备可视化管理平台"提供的查询模板，经由一些简单的条件设置，从单个或多个条件搜索满足条件的设备记录，并可以根据查询结果输出报表、表格和图形。

图 5-13　基于 BIM 的设备分类查询

5.6.6　管道与电缆展现

车站及区间的管道分布、走向、连接关系等可以用数据驱动原理以 3D 方式显示出来。点击 3D 场景中的管道及附属设施，相关的属性信息和台账就会显示在输出窗口，见图 5-14。缆线一般是通过电缆沟道和线槽布设的，系统可以在车站的三维空间中展现电缆沟道和线槽的形态、走向、连接关系等信息，并可以分专业显示。各种管道的三维坐标、高程、分布状况、空间结构、连接关系等信息以及埋深、管径、材质、建设时间、用途等属性信息，均能直观显示在以车站为背景的 3D 场景中。

(a)

(b)

(c)

图 5-14 基于 BIM 的管道与电缆分布图

系统以三维的表现形式，显示车站内的各类管道，主要有管道的走向、空间形态、连接关系、管径、长度的空间信息。系统可以按照管道的不同用途，比如通风空调、给排水、低压配电等，显示不同颜色的管线。需通过电缆沟道和线槽间接表现的，当点击电缆沟道和线槽时，输出窗口一般会显示缆线的多条信息，表示电缆沟道和线槽中布设的多条缆线。

（1）管线附属设备管理　对于管道上安装的阀门、计量表（计）、水泵等附属设备，系统也可以用 3D 方式形象表示，并进行台账管理。系统可以预先建立相关的设备 3D 图形库，用户在录入时，只需选择对应 3D 图形，并将其移动到相应位置，并录入相关信息即可，见图 5-15。

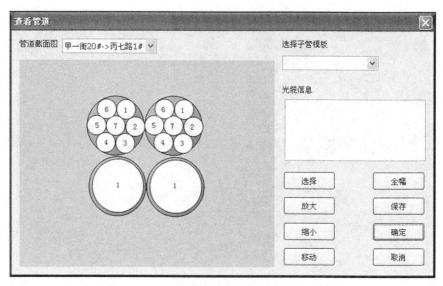

图 5-15　基于 BIM 的管道与电缆附属设备图

系统可以针对地下缆线的实际情况，建立相应的管群、管道、子管、人井等，实现缆线在子管的穿线，实现子管在两端的镜像标注。

（2）管道的空间编辑　系统以数据驱动方式构建管道的三维模型。所有的管道都是可以编辑的，系统可以通过空间布点法添加新的管道，或通过复制方法添加新的管道。系统还可以删除不需要的管道。

（3）管线的台账管理　点击三维空间中的管道，可以在输出窗口显示此管道的台账。台账主要包括管道名称、编号、管径、材质、投运日期等。

（4）统计查询　用户可按各种条件对设备和管道目标进行查询及产生报表，如可按种类、归属、投运时间、材质、安装单位等单个条件或组合条件来查询；也可以单击目标来快速查询。查询结果可以用表格、统计图、文字等多种方式输出，点击查询产生的报表还可以逆向显示目标的位置，可显示历史查询记录。此功能可帮助用户快速地了解管道的分布及相应属性的资料，可应用于快速查图、管网普查等。

用户可按条件或自定义条件对管理目标进行统计并产生统计图及报表。如可对设备、管道、线缆等按不同的条件进行统计，还可以进行各种业务统计、设备检修统计、设备利用统计等，见图 5-16。此功能可应用于公司的月报、季报及年报统计。

5.6.7　设施设备检修和维修管理系统

针对主要设备，系统可提供计划检修和故障维修等的管理功能，包括设备的状态监测及分析、设备点检记录、事故故障情况、设备保养、设备运行记录等。

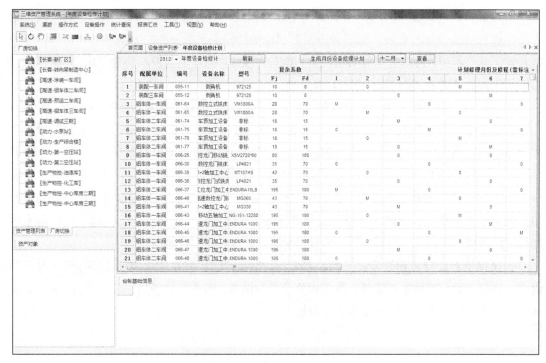

图 5-16　基于 BIM 的统计查询

（1）设备计划检修管理　计划检修主要是指定保和小修。系统通过实现设备年度和月度检修计划等，实现设备检修数据的导入、录入、显示及查询。

系统可以根据各类检修检测计划的时间安排，提前提供声音和场景（在状态表格中）中设备图元的闪烁和颜色提示，自动调用显示相关检修文档，与工作流程管理模块相结合，可以自动产生流程，提供录入界面。设备检修情况可实时存储形成历史数据，并传递到相关部门如下信息：

日常维护人员：日常巡视及设备维护、录入设备使用时间、运行状态、保养记录、维修状态、维修历史、维修保养费用等信息。

巡检人员：根据现场的概况，将设备的运行状态、维修状态、维护保养状态等情况录入 BIM 模型中，并更新到设备运行维护数据库中。

维修人员：查看 BIM 模型，根据巡检人员录入的维修状态及派工单进行设备维修，同时可查看设备运维数据库中的维修手册、图纸等资料辅助工作，维修完成后更新 BIM 模型设备维修状态，同时更新信息到设备运行维护数据库中。

成本控制人员：根据采购人员及日常维护人员录入的价格、维修保养费用等信息，进行设备成本控制及预算。对于超出预计成本的设备进行预警显示，进行设备的成本控制及管理。

合同管理人员：将设备相关合同信息（包括合同名称、合同价格、签约时间、签约单位、供应商相关信息、付款执行情况、合同纠纷等信息）录入 BIM 模型和设备运行维护数据库中。若有设备存在合同纠纷则在 BIM 模型中将该设备模型用特殊图案表示，对该设备合同信息进行跟踪和管理。

管理者：通过 BIM 模型随时掌握设备的相关信息。根据显示的设备状态制定对策及控制方案，进行设施设备的管理。管理者根据数据库中的信息，对设备成本组成、经济分析、设备处置、合同纠纷处理等进行分析和决策。执行完成后再重新更新设备信息及状态，从而达到持续的设备信息更新，实现数字化的设备管理。

（2）设备故障报修管理　系统提供设备故障报修功能和故障维修过程管理功能。可以由相关人员在场景中（或表格中）对设备的故障和停台进行触发，自动形成故障报修通知单，完成故障报修流程启动，进入工作流程管理模块，形成相应的设备维修档案和数据。

系统在工作流程管理模块中应提供故障现象、停修时间、故障原因分析、备件需求等内容，供操作人员和检修人员进行填报，实现信息传递。设备停台信息可以自动传递至相关部门。设备维修完成后，维修人员应可以设定流程，系统可自动记录时间，生成单一设备维修周期、维修费用、备件费用等数据，形成维修数据记录，存入数据库。

系统提供自我维修和外委维修两种方式。外委维修时还需在流程中填报预计维修时间等内容，以便于对生产的重新安排。处于报修状态的设备，系统可在场景中（或状态表格中）自动标红、半透明、闪烁等，并提供声音报警。

5.6.8　应急管理

（1）应急管理　灾害事件的应急管理是非常重要的，传统的灾害应急管理往往只关注灾害发生后的响应及救援。BIM 技术在应急管理中的作用主要体现在预防和警报。如火灾害发生后，BIM 系统可以三维显示着火房间的位置，控制中心可以及时查询相应的周围情况和设备情况，为及时疏散和处理提供信息。BIM 系统还可以使相关人员及时查询设备情况，及时提供和掌握灾情实时信息。BIM 模型可以为救援人员提供发生灾情完整的信息，使救援人员可以根据情况立刻做出正确的决策。BIM 可以为救援人员提供帮助，还可以为受害人提供及时的帮助，比如在发生火灾时，为受害人员提供逃生路线，使受害人员做出正确的逃生选择。同时 BIM 还可以调整信息以实现灾后恢复计划，包括遗失资产的挂账及赔偿要求等。

再如水管爆裂突发事件，传统方法要通过审阅图纸来查找阀门的位置，往往因为不能快速地找到阀门，或不能快速找到管道的布置图使事情得不到有效的控制。但是通过基于 BIM 的设施管理系统，可以迅速定位控制阀门的位置，也可以查看该管道的所有相关信息，从而有效地控制险情。

（2）应急演练　以消防应急演练为例，系统平时显示的信息包括：设备分布信息、显示温湿度、设备信息存储、设备维修记录、设备使用寿命（倒计时法）、防排烟、喷淋、消防线槽（显隐）布置等。

在消防模拟演练时可以显示紧急疏散线路、最佳救援路线、消防应急预案、AI 寻路、自定义路线、预演方案保存、预演方案提取等信息，如图 5-17 所示。

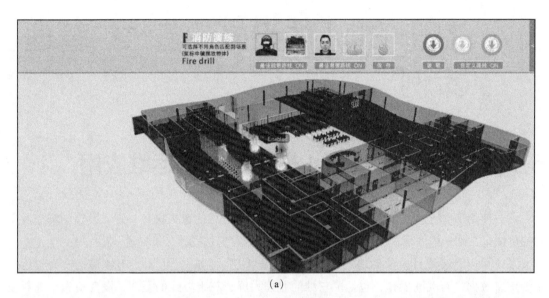

(a)

(b)

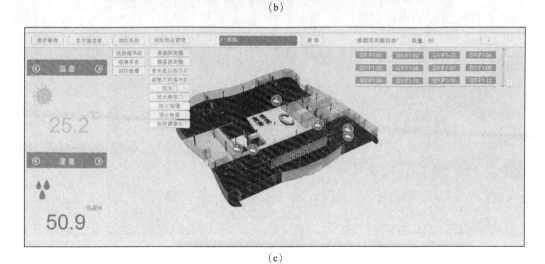

(c)

图 5-17 基于 BIM 的应用演练

5.7 基于 BIM 的设施设备维护管理案例

5.7.1 构建基于 BIM 技术的建筑运维应用

通过使用 BIM 技术，实现从设计、施工、运维全过程的数据移交，完成设施、资产及空间的可视化三维立体展现，从而使得建筑运维解决方案更加完善，更加直观。

系统可以管理设计阶段创建的 BIM 三维工程模型。同时，可以将 BIM 信息模型与运维系统信息数据进行关联操作，包括了三维的监控大屏、三维方式的空间、设备检索、查看设备动态数据（传感器、PLC 等）、查看运维工单情况。

平台通过物联网二次开发，可以集成并采集建筑监控系统（BA 系统、IBMS 系统、自控系统）设备运行或传感器数据信息，实时采集建筑物设施设备动态运行数据，可实现对各类设施设备运行监控的精确管理。通过对收集的数据进行报警判读，并在管理系统中通过将设备信息以三维视图投射到大屏中的方式高亮显示当前设备运行状态，对于运行异常的设备，或者运行参数超过阈值的设备，进行报警提醒。通过可视化查看设备运行状态，能够为设施设备维修维护和故障排查提供支持依据。基于 BIM 的设备维护如图 5-18 所示。

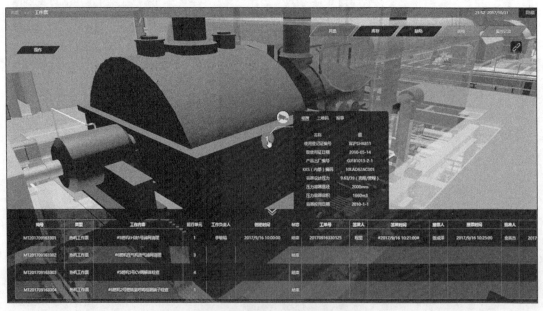

图 5-18 基于 BIM 的设备维护

平台通过物联网组网接入技术，能够对接各类主流数据采集协议，诸如通过 Modbus、

OPC、BACNet 等标准数据协议，都可将数据接入到系统里来。系统支持设置基本的参数报警条件，当采集到的参数超出系统配置的对应参数的正常值域范围时，系统报警，并自动联动发出缺陷并上报。调度模块接收到参数报警工单后，将视情况进行派单或者抢单分配。

很多时候，新的工艺往往会导致监控的报警取值条件是不确定的，达美盛的设备监控系统具备一定的数据分析跟踪能力，可以先按照初步预估的取值条件进行报警，随着时间推移可以将报警参数进一步优化，形成最终的报警报事标准，见图 5-19。

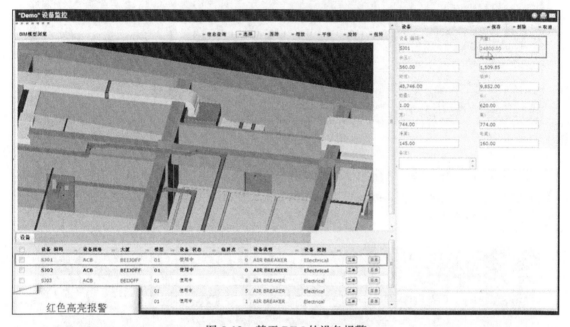

图 5-19　基于 BIM 的设备报警

历史数据图表化展示的能力，借助这一分析功能，甚至能够发现部分生产设备存在非最优配置、存在故障隐患等事项。通过和高校合作研发，达美盛 BIMCenter EAM 还拥有公有云设备故障预测模型建立和预测服务的能力。

除了与移动端的联动外，其还提供给监控大厅使用的大屏界面，大屏界面里设备的组态监控美观、实用、适应性和先进性俱佳。

5.7.2　3D 可视化管理

平台拥有自主的模型轻量化 3D 图形引擎，借助这一引擎，其具备了强大的三维图形能力。系统能够在 BIM 模型的基础上，完成设备物联网的数据报警联动、工单情况与 3D 模型联动、能耗 3D 色标展示等高阶 3D 功能。还可调整全屏动态交互界面风格（白色框所示范围内为异形、半透明图表），见图 5-20。

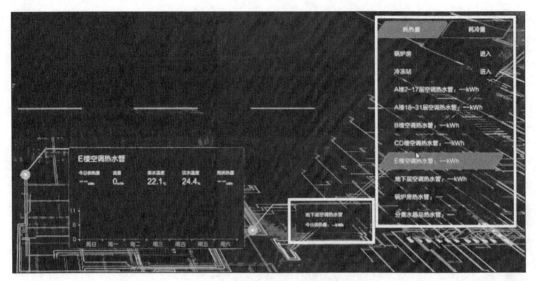

图 5-20 基于 BIM 的半透明显示

图 5-21 为三维指挥调度中心中控大屏的效果图，通过整合自控系统或者传感器、三维指挥调度中心、一线作业员工 APP，可以做到物、人、BIM 三端联动管理，是目前国内较有特色的先进运维管理功能。

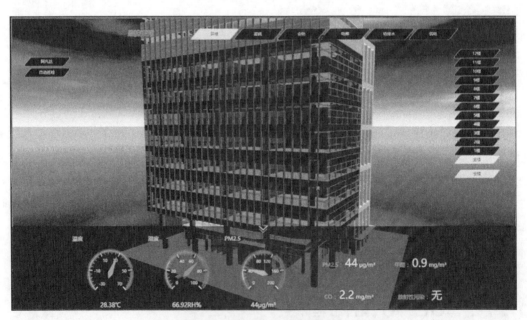

图 5-21 基于 BIM 的大屏显示

得益于强大的 3D 模型轻量化技术，系统的 3D 模型业务处理能力，不单单能够在性能强悍的 PC 工作站和服务器上渲染运行，还能在移动终端上使用。

平台还可将建筑的 BIM 模型快速地对接到 VR 设备中去，为运维巡检人员实行虚拟巡检、领导视察进行虚拟现实的工厂视察体验提供了技术基础，见图 5-22。

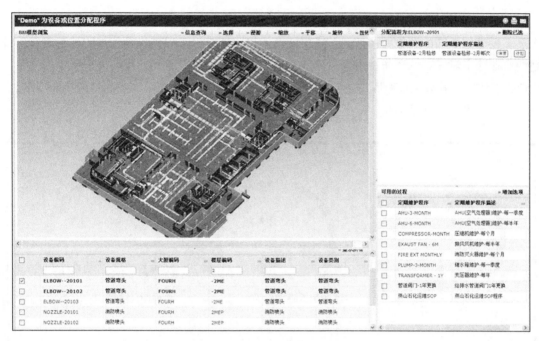

图 5-22　基于 BIM 的 VR 显示

5.7.3　建筑运维作业描述

对于建筑而言，楼内设施设备的运维管理是工作中最为日常的业务内容。系统可提供设施设备基本信息及对应空间位号信息，构建设施设备维保知识库，编制周期性维保计划、预防性维修计划，接收故障缺陷上报，产生出设施设备运维工单，进行统一的工单管理调度，见图 5-23。

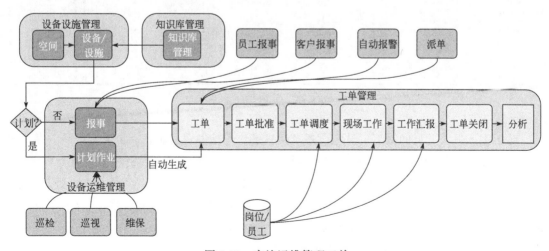

图 5-23　实施运维管理工单

提供完备的计划性维保作业的计划编排工具，可依照设施设备、时间频度、空间分组、人员工种编制不同的巡检维保计划，依照计划发出定期维保工单到执行人员的移动终端。计划性作业除了对设备的预防性维修保养外，还包括了对设施设备的巡检、外包岗位的质检等作业，系统可一并以工单的形式进行此类任务的管理。

（1）仪表盘　见图 5-24。

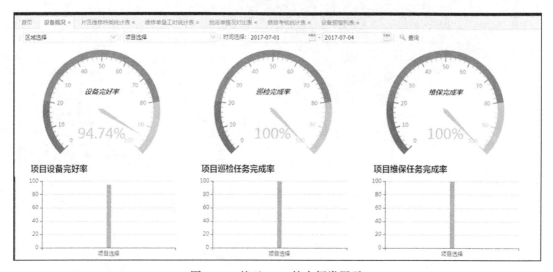

图 5-24　基于 BIM 的表阀类展示

（2）工单明细表　工单明细表如图 5-25。

报表打印　图表导出

	维修单号	维修种类(一级)	维修种类(二级)	维修种类(三级)	所属项目	服务类别	报修人	维修地点	维修内容	接单方式(抢单/派单)
1	鸿江苑小区201703019772	EBA设备设施自动报警			鸿江苑小区	户内维修	王辉	九楼电梯间	EBA设备异常	待抢待派
2	阳光100 201703099773	EBA设备设施自动报警			阳光100	户内维修	彭江伟	八楼会议室	EBA设备异常	待抢待派
3	鸿江苑小区201703109774	EBA设备设施自动报警			鸿江苑小区	公共区域	葛军	九楼电梯间	EBA设备异常	待抢待派
4	麓谷坐标 201703109775	EBA设备设施自动报警			麓谷坐标	公共区域	夏家河	八楼会议室	EBA设备异常	待抢待派
5	麓谷新天地201703109776	EBA设备设施自动报警			麓谷新天地	户内维修	孟陵茜	九楼电梯间	EBA设备异常	待抢待派
6	麓谷坐标 201703109777	EBA设备设施自动报警			麓谷坐标	公共区域	夏家河	八楼会议室	EBA设备异常	待抢待派
7	麓谷新天地201703119778	EBA设备设施自动报警			麓谷新天地	户内维修	孟陵茜	员工食堂	EBA设备异常	待抢待派
8	阳光100 201703119779	EBA设备设施自动报警			阳光100	公共区域	夏家河	花园入口	EBA设备异常	待抢待派
9	麓谷新天地201703119780	EBA设备设施自动报警			麓谷新天地	公共区域	孟陵茜	游泳池	EBA设备异常	待抢待派
10	麓谷坐标 201703119781	EBA设备设施自动报警			麓谷坐标	公共区域	王斌	停车场	EBA设备异常	派单
11	鸿江苑小区201703129782	EBA设备设施自动报警			鸿江苑小区	户内维修	孟陵茜	九楼电梯间	EBA设备异常	待抢待派
12	麓谷坐标 201703129783	EBA设备设施自动报警			麓谷坐标	户内维修	王斌	八楼洗手间	EBA设备异常	待抢待派
13	鸿江苑小区201703129784	EBA设备设施自动报警			鸿江苑小区	公共区域	张志国	第五栋电梯入口处	EBA设备异常	待抢待派
14	阳光100 201703129785	EBA设备设施自动报警			阳光100	公共区域	王斌	十五楼电梯间	EBA设备异常	待抢待派
15	鸿江苑小区201703139786	EBA设备设施自动报警			鸿江苑小区	公共区域	李思	三楼会议室	EBA设备异常	待抢待派

图 5-25　工单明细表

对于生产一线人员的报事、设施设备自动报警、巡检发现隐患，甚至大型产品的客户报事，平台将汇总报事信息，及时产生出应急维修工单，发送到执行人员的移动终端。

移动技术的运用，使得维保员工随时可以与系统发生交互，接收计划内任务、缺陷上报、接收临时维修任务、抢单、任务执行记录、审批、流转等操作可以随时进行。移动技术大量减少了工单流转时人员的位移时间消耗，提升了响应速度，大幅提升维保的作业效率，移动技术应用是提升维保水平的关键性技术保障。

5.7.4 业主端应用

业主端具体的功能包括报事报修、购物、呼叫上门、以服务者身份提供服务、物业通知、周边黄页、便民信息、美甲美容、宠物医疗和个人中心等，如图 5-26。平台为业主用户建成一个集生活、休闲、娱乐等常需业务为一体的生态圈，为物业管理企业提供更加集中和稳定的用户群体。

图 5-26 基于 BIM 的移动端显示

5.7.5 员工端 APP

APP 带来的深度移动化是平台的重要优势，将移动技术深度运用于平台将大幅提升 IT 驱动业务开展的效率。传统运维系统，因维保人员、生产一线报事人员都需要计算机操作才能完成业务的登记、执行等操作，很多时候还需要采取纸质表单来记录和推动。传统系统的这些弊端极大浪费了维保人员的有效作业时间，移动化技术的深度运用是解决这个问题的不二法门。具体功能包含：

签到：结合地图和位置信息，用户在选定项目后，进行签到，系统会自动定位用户具体的位置。

拍一张：能够打开手机相机功能进行拍照，拍摄的图片可以作为核查的图片附件，在核查管理的处理界面完成核查的整改信息填报或合格信息的说明；也可以作为保修管理的附件图片，在保修处理处填写保修信息并完成提交。

扫一扫：用户通过扫一扫功能，扫描设备二维码，能够提取设备信息。

个人中心：管理用户的个人信息，包括用户账号、软件信息、项目选择、问题反馈等，用户可以通过排序设置功能，对自己关注的任务进行排序；可以通过选择不同的项目来切换工作环境；可以通过注销账号退出登录或切换登录账号。

核查管理：帮助用户管理日常工作中的核查任务，能够执行核查任务，整改核查事项，并可以对其进行记录和跟踪；对物业管理活动的质量实施检查和监控，确保服务的质量，满足业主的要求。

报修管理：维修工作是物业管理的基本工作内容，其采用移动工单的方式，让用户通过手机 APP 实现工单抢派、扭转和执行等业务操作，大幅提升管理效率和精准度，降低作业人员的工作总量。

巡检保养：巡检保养服务可以有效地防范设备故障，系统将巡检保养计划及时推送到作业人员的 APP 中去执行，实现设备故障防患于未然。

报事处理：为用户提供处理和执行报事信息的功能。

备品备件：能够实现备品备件的检索、浏览，可以提交备件的领用申请、针对申请情况进行审批、领用出库后在工单的处理中记录备件的适用情况、多余备件归还等。

二装管理：二次装修及工程施工是建筑运维管理服务活动的一个重要阶段，做好二装申请、图纸审核、施工管理、整改事项通知及跟踪、动火管理、作业管理以及竣工管理等工作，对于保证物业管理水平、维护业主共同利益有着重要的作用；通过 APP 可实现对二装进行全过程管理，方便员工工作并提高工作效率。

能耗管理：对于能耗管理岗位的工作人员，及时接受系统推送的抄表任务，根据任务中的抄表单去执行能耗记录工作，能够提高工作效率。APP 中支持将未完成的任务暂存于草稿箱，方便用户继续执行任务。

授权管理：企业管理员可以灵活地设置本企业用户可以使用或操作云平台的功能。

个人信息维护：对登录当前平台的用户个人信息进行修改和完整，可以修改的内容包括姓名、账号、电话和邮箱。

5.7.6　维修任务管理

维修任务管理的工单逻辑如图 5-27 所示，维护架构图见图 5-28，相关功能如下：

巡检保养：包括主要监管巡检、巡更和环境保持的服务水准。

项目核查：主要功能是通过相关参数及规则，按照设置好的频次定期触发核查任务，任务会通过"同步"等方式传输到终端，相关用户可根据任务信息完成或整改品质核查任务。

设备台账：可以新增、编辑和删除设备信息，也可以查看设备的预警列表，并可通过与

FM 接口获取设备档案信息。

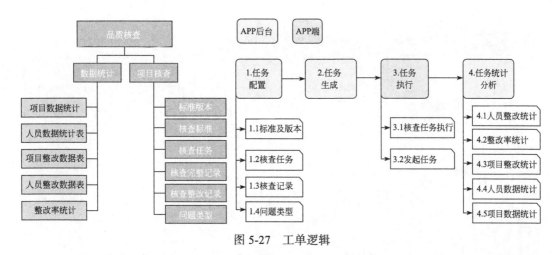

图 5-27　工单逻辑

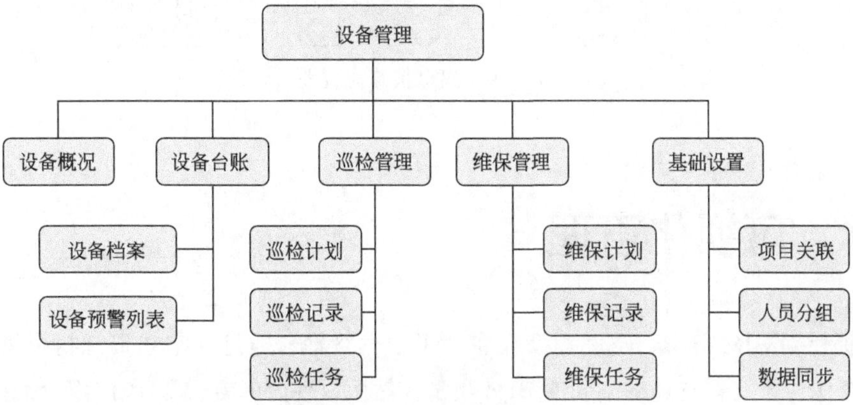

图 5-28　设备维护架构图

　　巡检管理：对根据 FM 接口传递或者通过设备台账维护建立的设备设施信息建立巡检计划，并可根据系统中的巡检计划生成巡检任务，当巡检任务完成时会反馈巡检结果给后台，生成巡检记录。

　　维保管理：对设备设施信息建立维保计划，根据系统中的维保计划生成维保任务，当维保任务完成时会反馈维保结果给后台，生成维保记录。

　　基础设置：关联人员和项目信息，对人员进行分组，并同步最新的数据。

　　设备计划调整：根据采集到的设备的运行数据和工况信息，为设备指定具有针对性的巡检和维保计划。

　　设备资料关联：为设备关联具有指导或说明意义的文档资料。

　　报事报修：主要应用于客服受理业主报事报修业务，通过后台端与 APP 终端的交互使用完成整套业务。在基础设置子模块中完成报事分类和项目定义的管理，在报事操作子模块中记录待办任务、全部任务、处理中任务、已完成待回访任务和已回访任务，报事统计子模块的功能用以统计报事及时率信息并形成报表，如图 5-29 所示。

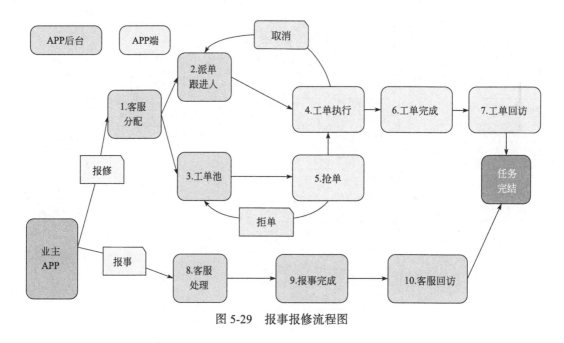

图 5-29 报事报修流程图

5.7.7 可视化管理

系统提供对 BIM 模型、空间以及设备的可视化管理，通过在空间资源树中浏览选择对应的空间资源，系统首先加载空间的 BIM 模型，然后以列表的方式显示子空间信息和设备信息，并加载设备所属系统信息和空间的详情，如图 5-30 所示。

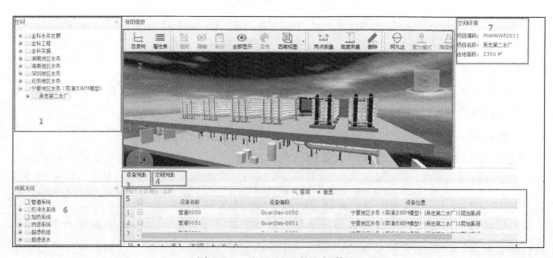

图 5-30 基于 BIM 的空间管理

空间资源区域通过树形结构的展示方式，使得检索更直观。其以项目为根节点，加载用户空间资源；在空间资源树中选定空间以后，BIM 模型显示区域就会以 3D 方式显示与空间对应的模型视图。相关功能说明如下：

设备列表：加载当前选定空间资源下的设备信息，点击具体的设备后，BIM 模型视图中会近距离定位到该设备。

空间列表：加载当前选定空间下的子空间，点击具体的空间以后，BIM 模型视图会显示选定的空间。

数据列表：分为设备列表和空间列表，显示对应的数据。

设备所属系统：显示设备的所属系统信息，从节点树中选择具体的某一个系统后，在 BIM 模型视图中，会高亮显示属于当前系统的设备，同时以半透明的方式显示非当前系统的设备，见图 5-31。

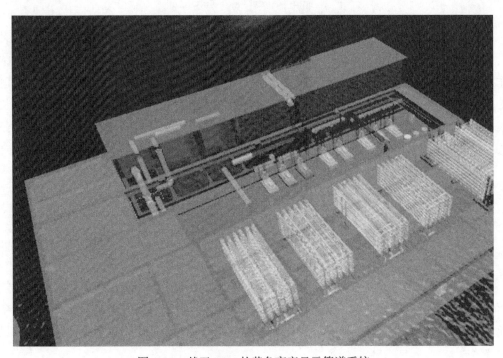

图 5-31　基于 BIM 的黄色高亮显示管道系统

详细信息：如果选择设备数据，就显示设备的详细信息；如果选择空间数据，则显示空间的详细信息。

5.7.8　工单管理

系统提供强大的计划任务管理、执行和跟踪能力。可以根据企业的生产情况，制定灵活的巡检和维保计划，设定计划任务执行的条件、关联的设备、人员、执行频次、应遵循的工艺流程等。系统按照设定的频次，自动将任务推送到关联人员的 APP 中去执行，系统记录任务的执行情况，如图 5-32 所示。

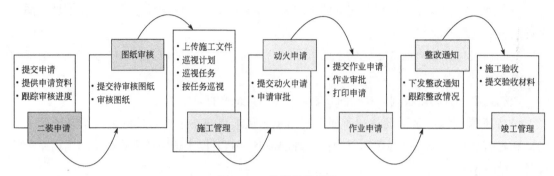

图 5-32　基维修单系统

提供临时工单管理，可以进行工单的抢派、调度、执行和回访，通过移动工单的形式，由员工在 APP 端对工单进行流转，能够大幅提升企业的管理效率和精准度，减少了作业人员工作总量，提高对工单响应效率，是运维管理一大飞跃。可记录所有待办任务、全部任务、待接单、维修中和已完成的工单信息，可以对维修种类进行管理，对片区及人员进行定义和关联，提供对片区维修种类、维修单量工时、抢派单情况对比、绩效考核和工单明细等统计信息，并形成报表。

5.7.9　备品备件管理

备品备件是指为了设备维护保养工作的顺利进行，在设备出现故障时缩短故障的修复时间而备用的配件。它是保证设备正常运行和维修的重要环节，根据设备的状况，并结合备件消耗情况，能够帮助企业将备件的库存量控制在一个合理的范围，既能保证生产，又可以极大的节约成本。

对备品备件的内容涉及类型划分、仓库管理、库存数量调整、备件出入库、使用和归还，以及备品备件的盘点，具体如下。

备件分类：合理科学的类型划分，不但可以提高管理效率，还能够便于检索；

仓库管理：企业可以根据经营生产的需要，灵活建立仓库信息；

库存数量调整：根据备件的实际使用情况，灵活调整库存数量和预警阈值，将备件的库存量控制在合理的范围；

备件出入库：严格的备件出入库流程，能够确保备件库存的准确；

使用和归还：系统准确记录和跟踪每一个备品备件的使用信息；

备品备件的盘点：系统自动生成盘点清单，根据盘点的实际情况，计算盈亏。

5.7.10 能耗管理

系统通过物联网组网接入技术，能够对接各类主流数据采集协议，诸如通过 Modbus、OPC、BACNet 等标准数据协议，并可以与 BA 对接。能够实时、全面、准确地采集水、电、油、气等各种能耗数据，动态分析能耗状况，辅助企业制定不断优化的节能方案。为用能单位实施定额控制、制定节能措施、提高节能效率、核定节能收益，提供科学、有效的实时管控手段，是精细化、智能化、现代化节能减排管理不可或缺的重要保障。

5.7.11 二装管理

二次装修是物业管理服务活动中的一个重要阶段，做好物业装修管理对于保证物业管理水平、维护业主共同利益有着重要的作用，系统中通过对二装全过程进行管理，用手机 APP 实施对二装巡视的管理，方便员工工作并提高工作效率。二装管理涉及的功能如下：

二装申请：二装申请由装修方向物业提交申请，需提供业主身份证复印件、二级资质以上的装修公司资质证明，如果出租需要有租赁合同、装修合同、业主委托书、装修公司委托书、被委托人的身份证复印件、装修公司施工图、建筑工程责任一切保险等资料，该功能将申请相关的资料及信息进行记录，保证随时可以进行查询。

图纸审核：二装申请由装修方向物业提交申请，申请中需提交相关材料，重点为施工图是否符合装修要求；物业需对图纸进行严格的审核。

施工管理：可以对施工过程中产生的文件以附件的形式进行上传，通过定制巡视计划生成巡视任务来分配到相应人员，人员按任务对进行二装的房间进行巡视工作。

动火申请：在二装施工过程中，如果需要有明火操作，装修方需要向物业提交动火申请，如焊接操作。在申请通过以后方可进行动火施工。

作业申请：在二装申请过程中，如需要物业人员配合做一些操作，装修主需要向物业部提出申请，操作类型包括打压、泄水、注水、闭水验收。

整改通知：物业人员在二装巡视过程中可能发现一些不符合管理的问题或安全问题，会通过整改通知单的形式发给施工单位，施工单位必须按照通知单的要求进行整改。

竣工管理：装修单位完成二装施工后需要请物业相关人员进行竣工验收，检查装修是否按要求进行、是否有违规改造等，还可以将竣工相关的资料进行上传。

5.7.12 报表报告

平台提供强大、灵活、多维度的数据统计功能，包括给高层领导的管理驾驶舱、中层管理人员的部门统计报表、基层人员的作业统计分析。用户可以及时了解和获得相关设备、资产的最新数据信息，及时了解企业设备和资产的最新情况，所有的统计结果都能直接打印成报表或导出为图表。具体功能如下：

项目数据统计：以项目为主要维度，统计所属项目的任务完成情况。

人员数据统计表：统计出项目中工作人员的任务完成情况。

项目整改数据统计表：以项目为主要维度，统计出项目整改情况。

人员整改数据统计表：以人员为主要维度，统计出相关人员在项目中对任务的整改情况。

整改率统计：根据统计条件，从项目和人员的维度，统计整改项的情况。

设备概况报表报告：根据统计条件，统计设备的概况信息，以图表或柱状图的方式显示。

报事及时率统计：统计报事报修的及时完成情况和完成率信息。

片区维修种类统计表：根据统计条件，以片区维修种类为主要维度，统计相关种类的维修信息。其统计条件包括：所属区域、生成时间。统计结果字段包括：类型、维修单量（单位为宗）、维修工时（单位为小时）、平均时长、占维修总量比例、维修完成量、完成率、满意率。

维修单量工时统计表：根据统计条件，以维修类型和片区为维度，获得维修单量的统计情况。

抢派单情况对比表：根据统计条件，以项目和人员为主要维度，统计抢派单情况。

绩效考核统计表：根据统计条件，以人员为维度，统计其绩效信息。其统计条件包括：所属区域、所属项目、具体人员、生成时间。统计结果字段包括：项目名称、维修人员、完成工时（单位为小时）、协助工时（单位为小时）、维修完成率、维修及时率、接单量、协助单量、拒单量、户内维修单量、户内维修工时（单位为小时）、公共区域单量、公共区域工时（单位为小时）、维修满意单量、维修满意率、抢单完成量。

工单明细表：根据统计条件，以工单为统计维度统计工单的明细信息。

5.7.13 数据安全管理

平台的后台数据安全，是通过对物理安全、网络安全、人员与流程管理、数据访问安全、冗余备份、灾备管理与持续运营保障这几大方面来解决客户数据安全问题，如图 5-33 所示。

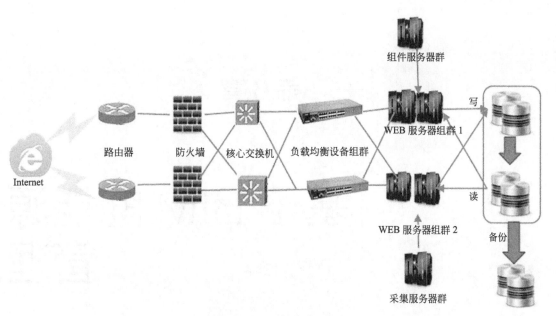

图 5-33　数据管理系统

第6章

基于 BIM 的能源
管理

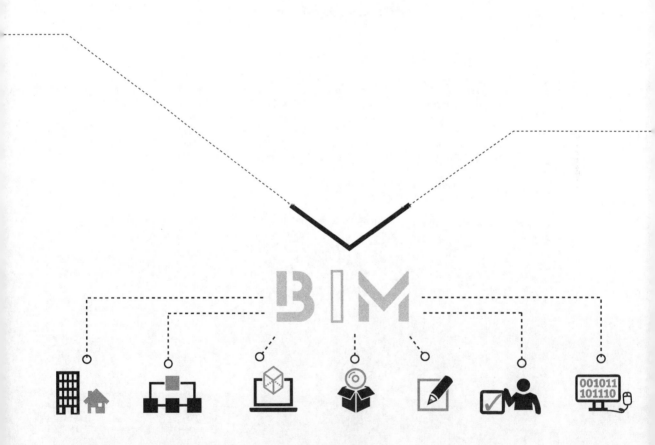

建筑能源管理是建筑运维阶段的重要工作。它包括了机电设备基本运行管理、建筑能耗监测、建筑能耗分析、建筑功能优化管理等。BIM 可以理想地支援各种分析功能，涵盖范围从概念性的能源分析到详细的工程问题。它还提供追踪数据与组件信息的方法，支持营运期间的能耗模拟，来帮助分析系统变化、翻新和改造的效果。

随着人们对高品质的物业管理需要，运维阶段的 BIM 技术应用越来越多。然而，运维阶段 BIM 技术的应用还需不断走向成熟。应用 BIM 技术与智能化、物联网结合实现智能建筑，是今后项目全生命周期管理的一项重要工作，同时智能建筑的系统运维能力建设也是未来自持物业管理者提升品牌声誉和为再开发项目提供支持的必要一环。

6.1 BIM 技术优势

BIM 的核心是建筑的几何形状，但 BIM 也是一个提供建筑构件详细信息非图形数据的结构化数据库。在建筑信息模型中，一片墙就是一片墙、一个锅炉就是一个锅炉，即所有的对象都具有真实的身份与属性。它们可以进行排序、数量计算与查询。

BIM 提供了广泛的功能，包括数量的抽取、成本的估算、空间与资产的管理，以及进行能源分析，另外还有很多其他方面的应用。

BIM 还可以纳入参数化的功能，允许模型中的组件能有属性或参数，这些属性与参数定义了与其他组件的关系。例如，一个门的对象将附属于或关联到一个墙壁的物件。有效的应用 BIM，能够管理模型中所有嵌入对象间的关系以及它们个别的特征。

此外，BIM 技术有可能完全改变工程项目的交付，将相关流程变得更有效率。在一个高度协作、数据丰富的环境中，BIM 本身就具有以下的能力来降低成本与提升效率：

①提早决策。BIM 可以进行早期建筑性能的评估，使得所做的决策与变更能够受到较少时间与成本的冲击。

②提高精确性。精确的模型能够促进参与建筑工程不同当事人之间有效的沟通，并加强对工程的理解，减少整个设计与施工过程中的错误与所需的变更。BIM 的参数化功能允许模型在所有视图与图纸输出上有一致与协调的表现。

③快速定量。模型可以自动产生数量与数据报告，能够比传统方式更有效与更迅速地制作施工估价与工作流程。

④强大的分析能力。BIM 可以用来支持复杂的分析，其中包括冲突检测、排程与排序（称之为 4D 建模）、能源分析等功能，同时能在工程过程中帮助理清决策、解决问题，并减少延误。

⑤改进协调。BIM 容许参与建造工程的承包商与多个分包商用计算机来虚拟建造该建筑，找出建筑系统之间潜在的冲突或碰撞，否则如果在实际施工现场才发现的话，将导致昂贵的

变更设计费用出现。

⑥提升工程交付。在工程交付时 BIM 能够提供更加连贯、结构化、完整的数据。

BIM 是一个能够协调工程建造与设施管理的技术。若有意部署和充分发挥 BIM 的功能，除了技术之外，还需要评估与采纳这种新的业务流程。共享、整合、追踪、维护一个一致的建筑信息模型将会影响到所有的流程以及那些会与数据发生互动的人。

6.2 在 FM 中运用 BIM 管理优势

（1）人力资源 基于 BIM 技术的运维管理拥有先进的信息化管理系统，因此对管理人员的要求明显降低，这也将是未来运维管理模式的核心竞争力。通过高效统一的管理平台，可最大限度地提高管理人员的工作效率，从而降低劳动力成本。因此尽管管理人员不断流动，但如果采用了 BIM 模型综合管理后，只要通过 BIM 输入信息查询，楼宇的所有过往信息都在继任者的掌握之中。

（2）设备运行监控

①设备信息。基于 BIM 的管理系统储存了所有设备的信息，比如设备供应商、所在位置、联系电话、维护情况等，物业管理人员只需点击模型即可查询到各个设备的基本信息。该管理系统对楼宇中的所有设备进行登记管理，并对设备的使用期限设置到保或过保预警及报警，对到保、过保的设备进行及时维护及更换，有效防止事故的发生。管理人员只要在电脑客户端界面输入相关设备信息就能在 BIM 模型中准确定位，经过授权的相关人员通过 BIM 模型，随时可对建筑内设备信息进行读取。

②设备运行和控制。在 BIM 模型平台上可以看到建筑内每一个设备的运行状态，通过设置，可用绿色表示正常运行，红色表示有故障出现。只要一打开模型点击任何一个位置，都能详细了解该位置设备的运行状态。另外，管理人员还可以对设备进行远程控制，例如对某个设备进行打开、关闭等操作。

（3）隐蔽工程管理 基于 BIM 技术的管理系统有利于对复杂的地下管网和隐蔽工程进行管理，所有地下管线均能形象立体地显示于模型中，并可在图上直接量取它们之间的相对距离。当对场地进行改建、扩建、二次装修时，可以在模型中对现有的管线进行精确定位，避开现有管线位置，进行管线维修和设备的更换。所有信息全部通过电子化保存下来，并根据改建或维修情况实时更新，保证信息的完整性和准确性，内部相关人员可以对信息进行共享和查询。

（4）能源运行管理 BIM 技术与物联网技术的联合应用，可以对日常能源消耗情况进行有效监控。在设备增加传感功能后，比如安装具有传感功能的电表、水表、燃气表等，就可以在管理系统中及时收集到各个设备的能源消耗信息，并且通过系统中带有的能源管理功能，对能源消耗情况进行自动统计分析，建筑各区域、各用户的每日用电量、每周用电量都可清晰地显示出来，并对异常能源使用情况进行警告或者标识，为管理者进行能源管理提供可靠的依据。

（5）租户管理　可对繁杂的租户进行分类管理，每个租户的信息都详细地存储在系统当中，并随着租户变更、租金变更等情况进行实时调整和更新，在需要时运用简单的查询功能即可查找到租户的信息，如租户名称、商铺位置、面积、租约期限、租金、物业费用等。对即将到期的租户还能进行收租提醒。

（6）安保管理　基于 BIM 的安保系统不但可进行视频监控，而且还拥有智能的控制中心，通过监控设施可对任一区域进行可视化管理，管理人员在电脑上可以随时调出任一楼层的实时监控情况，一旦有突发事件发生，监控系统就能与智能控制中心协同合作进行处理，管理人员只需在电脑前根据系统提供的信息就能指挥处置突发事件。比如通过控制中心可以实时掌握安保人员的位置，通知离事发地点最近的安保人员前往处理，并持续跟踪处理完成情况，对于某些突发的危险事件，能节约出宝贵的时间，避免损失扩大，甚至酿成事故。

（7）应急管理　基于 BIM 的管理系统可对所有区域进行监控和预警。在人流密集区域，当突发事件发生时，传统的处理方式往往把重点放在响应和救援上，并且多靠人工传达、管理人员开会研究处理方案，这样效率很低。而基于 BIM 的管理系统还包括预防和报警。以消防火灾报警事件为例，BIM 管理系统通过感温或感烟探测器反馈的信息，如某个位置有火场确定，就会自动进行火灾报警。控制中心可以及时查询周围相应的情况和设备情况，为及时疏散和处理提供信息定位，及时派人员处理或远程关闭，避免了等事故发生后才开始处理的弊端。

6.3　建筑能源管理系统架构

随着 BIM 的技术发展，基于 BIM 在运维阶段的建筑基本情况进行数据采集变成可能。基于 BIM 在运维阶段的能耗分析管理和节能控制的解决方案的系统架构如图 6-1 所示。

运维阶段的建筑能耗分析管理和节能控制方案原理，主要以数据分析处理为中心，数据分析处理是对实际监测数据与模拟数据的分类及对比分析处理，得出目标建筑的能耗情况和节能控制方案，由能耗模拟分析、实时数据采集、能耗处理反馈 3 个部分组成：

①能耗模拟分析：补充和完善目标建筑的 BIM 模型，然后通过相关软件的分类和分项能耗模拟分析，将分析结果存入数据库。

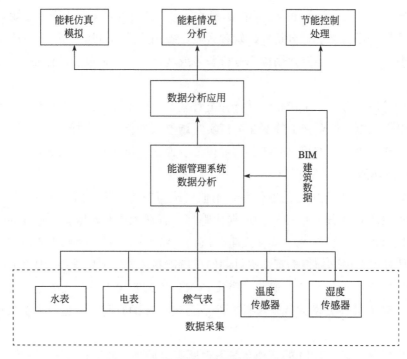

图 6-1　能耗分析和节能控制系统架构

②实时数据采集：通过目标建筑安装的分类和分项能耗计量装置及时采集能耗数据，实现目标建筑能耗的在线监测，并将监测数据存入数据库。

③能耗处理反馈：将节能控制方案反馈给相关的用能执行机构，用能执行机构响应后实现节能控制。

6.3.1　能耗模拟

建筑运维阶段是检验建筑能耗管理结果的阶段，也是结合建筑物运营其他信息调整优化建筑能耗管理的阶段。能耗模拟步骤为：

①从 BIM 综合数据库提取在项目前期、项目设计、项目施工过程中，与建筑能耗控制要求所有相关的约束性条件，以及各个过程中对于建筑能耗管理分析模拟的规则和结果，对于运维阶段的能耗管理进行初始化的调整和实施。

②在实时采集人流（图 6-2）、环境、设施设备运行等动态数据信息的基础上，集成建筑内各类能源消耗的实时数据和历史数据，提取 BIM 模型中相关信息，通过数据模拟和分析技术，在 BIM 可视化及参数化的环境中，进行多种条件下的运行能耗仿真预估（图 6-3），为不同建筑初期运行阶段的能源管理提供运行预案。

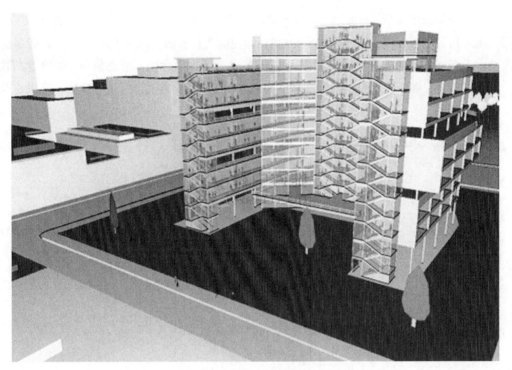

图 6-2 人流模拟

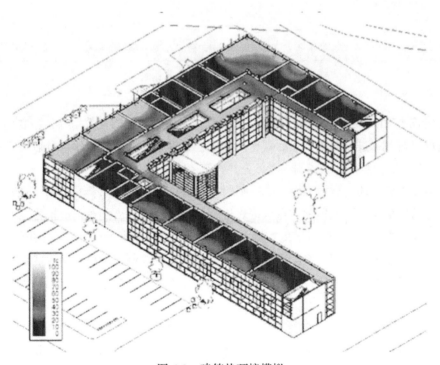

图 6-3 建筑热环境模拟

③在建筑运维稳定后（一般为 2 个采暖供冷周期）并且业态稳定的情况下，通过建筑能耗管理系统采集设备运行最优性能曲线（图 6-4，即使同类设备的个体也不同）、设备运行最优寿命曲线、设备运行监测数据等动态数据，结合 BIM 综合数据库内的静态信息（如设备参数指标、设备定位、设备维修更换情况、建筑空间布局调整）等，通过运行仿真预估，提供建筑能源优化管理预案。

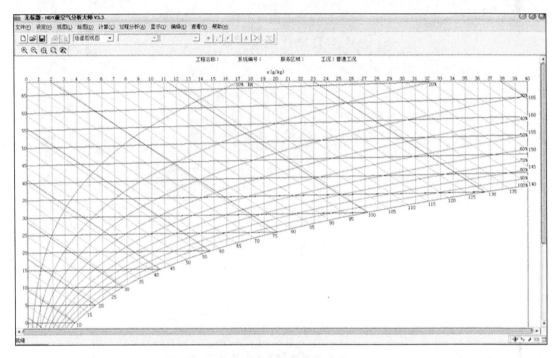

图 6-4　暖通设备负荷曲线

目标建筑的 BIM 模型能耗仿真数据和通过计量装置采集的能耗数据都具备之后，数据处理中心就可以对数据进行归类，然后对比同类能耗数据，并存入数据库，最后对正确的结果进行分析。其中，分析的理论依据参考《公共建筑节能设计标准》（GB 50189—2015）的设计要求。当实际采集的能耗数据大于仿真数据时，这些记录存入重点节能控制节点数据表。数据处理中心再次对重点节能控制节点数据表进行分析处理，得出能耗情况报告以及节能控制优化方案，这些方案可导出形成节能控制方案报告。同时，数据处理中心可根据设定的条件，自动判断是否反馈节能控制方案。如果是，则自动将节能控制方案反馈给用能执行机构。需要特别说明的是，累积的能耗数据同时可用于优化仿真能耗数据，这个有助于更合理地分析得出节能控制方案。

另外，有一种情况特别说明，当实际采集的能耗数据都小于仿真模拟数据时，为了更进一步节能，可对 BIM 模型进行优化，如减少空调主机参数、增加窗户透光面积等措施，然后再进行能耗仿真模拟。如果采集的能耗数据大于能耗仿真模拟数据，则可根据 BIM 模型的优化处理措施对实际目标建筑进行节能改造。

6.3.2 数据采集

数据采集主要是分析理清目标建筑的能耗源，设置各计量装置与各分类分项能耗的关系，对目标建筑安装计量装置（图 6-5）。这些计量装置应具备实时上传数据的功能，在线检测系统内各计量装置和传输设备的通信状况。

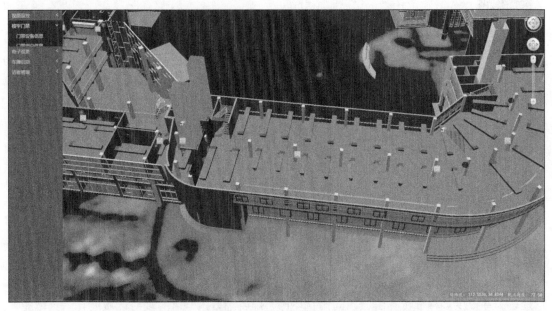

水表　　电表　　燃气表　热量表　温控器 温度传感器 湿度传感器

图 6-5 各种计量装置

通过利用各种计量设备采集原始能耗数据，也可以对各用能点（总量、楼层、单元、用能设备）采集数据，送入采集传输层；而采集传输层由数据感知层上传的各种能源消耗数据，采用无线或有线的通信方式送入数据集中器层；数据集中器层则会对各建筑的能耗数据汇总，通过各种网络（ADSL、CDMA、DDN 以及企业内部局域网络等）平台，将能耗数据传输到能源管理系统；能源管理系统负责接收和存储各建筑物内的能耗数据，并实现数据的实时监控、查询与统计分析，同时也可为上级能源主管单位提供能耗数据。

6.3.3 能耗分析

（1）能耗统计　建筑能源管理系统可显示多种数据的统计方式，可按区域、用户、能耗、设备类型来统计。系统还可提供多种时段（日、周、月、年）数据的统计方式。其统计结果还可输出报表，保存为 Excel 文档格式，并提供直接打印功能。该系统还可按能耗统计分类，如按照空调用电、照明用电、动力用电、厨房用电、用水、供暖等项目上传到上级管理中心，并可提供计量收费统计，打印物业收费单据，如图 6-6 所示。

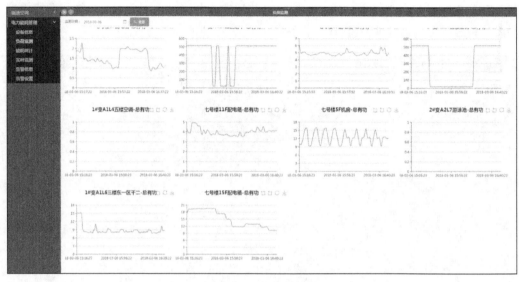

图 6-6　能耗监测统计

（2）能耗分析功能　通过能源系统可生成曲线图、柱状图、饼状图等多种图形，方便用户理解，并提供多种分析算法，如同比、环比、排名等方式，可实现对区域能耗、具体能耗类型、设备类型能耗进行分析。其分析时段还可提供日、周、月、年分析以及任意指定时段内的数据分析。分析结果可以提供文档格式的报表打印和保存，也可以提供曲线图、柱状图、饼状图等至少三种图形方式的打印和保存，如图 6-7 所示。

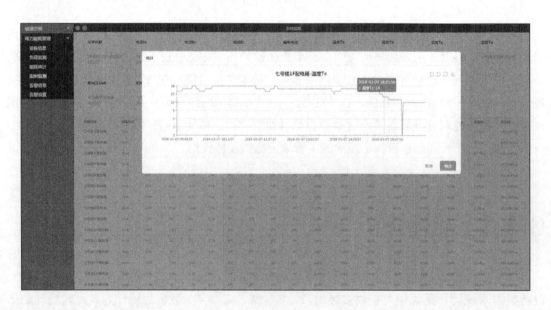

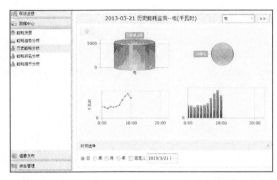

图 6-7　能耗分析

建立的能耗评估标准，如建筑能耗密度标准值、建筑能耗评分等级标准、设备运行状态评分标准等，应根据现实中建筑的能耗情况与能耗评估标准之间的比较得出初步评估结论。建筑能源管理系统可对建筑总能耗水平以及区域分项能耗水平、设备能耗状况进行定期的评估，评估周期可以以日、周、月、年为单位，并根据评估结果说明存在能耗异常的区域、能耗类型和设备，并就异常原因提出初步性的处理方案，以提高节能改造工作的效率。所有历史记录将保存到历史数据库里，并在无权限允许下不可被删除，其报表的设定可由用户自定义设计，自定义设计界面需提供图形化的编辑窗口和可拖拽操作功能。在这过程中的各种评估结果，该系统皆可提供相应的文件输出，包括文字说明、表格、各种图形，用以说明能耗状况，并具有导入和导出的功能。

（3）能耗监测　能源管理系统还可对各项能耗存在的浪费故障进行预警，如电网谐波过大、设备运行效率过低、突发性的能耗突变、持续性的损耗现象等。用户可预先设定能耗指标异常限值，对建筑内所有能耗信息点实时监测，无需操作人员介入。其中报警还划分为若干等级，按照轻重缓急来提醒管理人员应对；报警发生时，系统记录详细信息，并伴随屏幕闪烁和声音提示。操作人员可通过查询报警事件浏览具体信息，如位置、能耗类型、时间、异常数值等。报警事件可以设定短信、邮件等方式，发送给指定的管理人员。

第 7 章

项目管理绩效评价

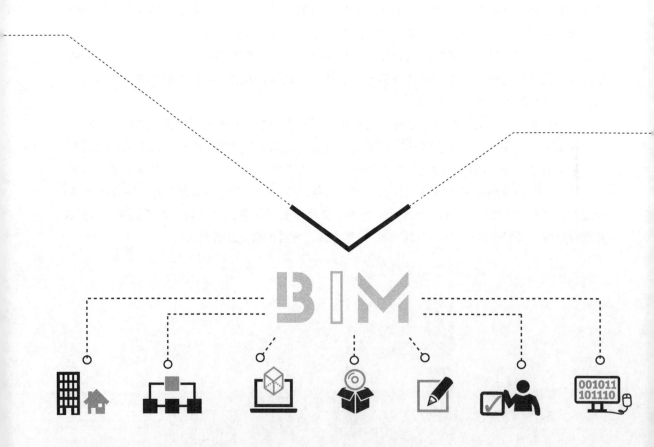

7.1 绩效管理及绩效评价

7.1.1 项目绩效管理

项目绩效管理是一个由绩效目标管理、绩效运行跟踪监控管理、绩效评价实施管理、绩效评价结果反馈和应用管理共同组成的综合系统。推进项目绩效管理，要将绩效理念融入项目管理全过程，使之与项目策划、项目实施、项目运行一起成为项目管理的有机组成部分。逐步建立"项目策划有目标、项目实施有监控、项目运维有评价、评价结果有反馈、反馈结果有应用"的绩效管理机制。

项目绩效是指项目资金所达到的产出和结果。项目运维阶段绩效管理是项目绩效管理的重要组成部分，是一种以项目产出结果为导向的项目管理模式。

7.1.2 项目绩效评价

项目运维阶段绩效评价是指通过合理的绩效评价方案，根据设定的绩效目标，运用科学、合理的绩效评价指标、评价标准和评价方法，对项目运维阶段的经济性、效率性和效益性进行客观、公正的评价。通过评价项目的目标实现程度，总结经验教训并提出对策建议。其基本做法一般为：

①依据事先制定的绩效目标，对项目实施效果进行检查，收集测量数据。绩效目标一旦建立，所有项目管理人员应了解这些目标，并按要求定期进行绩效测量和整理，对实施情况进行检查。项目检查主要包括状态检查和工作过程检查两方面内容。项目的状态检查主要检查项目的绩效是否达到要求，项目是否在进度计划和预算之内，以及项目管理的范围是否正确。项目的工作过程检查，重点在于检查项目管理工作开展的如何，现在做的是否满足要求，有哪些问题需要改进。

②对检查结果和测量数据进行综合分析和预测，制定必要的改进措施。分析和预测要紧紧围绕项目总体目标要求进行。对检查结果和测量数据的分析，主要围绕事先制定的绩效目标，运用绩效评价指标进行分析，一般包括业务指标分析及财务指标分析两部分。

业务指标分析是指依据设定的目标情况，对目标完成程度、组织管理水平、项目产生的经济效益、社会效益、生态环境效益、可持续影响、顾客满意度等指标进行分析，从业务管理的角度，检测项目绩效目标的完成情况。

财务指标分析是依据设定的目标情况，对运维阶段的资金落实、运维支出、财务管理、资产配置与使用等指标进行分析，从财务管理的角度，检测项目绩效目标的完成情况。

③编写项目绩效报告。项目绩效报告是对项目运维期间的关键指标、目标、风险和设想等因素进行监控的结果，是对工程项目运维阶段能否获得圆满成功的早期预警。其能够及时反映出某一时间点上的项目执行状态、问题，并提出改进措施。

项目运维阶段的绩效评价应符合国家法律、法规及有关部门制定的强制性标准，应遵循独立、客观、科学、公正的原则，建立畅通、快捷的信息管理和反馈机制。通过重点绩效评价，总结成功经验，发现存在问题，提出整改意见。

7.1.3 项目绩效评价的主要内容

（1）项目绩效评价的目的　项目运维阶段的绩效评价，是在项目的策划、实施、运行与维护全生命周期中，重点关注项目产出和结果。要求项目运维单位不断改进服务水平和质量，向社会公众提供更多、更好的公共产品和公共服务，使项目能更加切实、高效地为受益群体服务。推进项目运维阶段的绩效评价管理，有利于提升项目运维阶段的管理水平、增加单位支出责任、提高公共服务质量、优化公共资源配置、节约公共支出成果。这是企业管理科学化、精细化管理的重要内容，对于加快经济发展方式的转变和和谐社会的构建，具有重大的政治、经济和社会意义。

（2）项目绩效评价的对象与内容　项目是绩效评价的主体，与项目实施有关的国家机关、政党组织、事业单位、社会团体和其他独立核算的法人组织是绩效评价的对象。绩效评价的基本内容包括：

①绩效目标的设定情况；

②资金投入和使用情况；

③为实现绩效目标制定的制度、采取的措施等；

④绩效目标的实现程度及效果；

⑤绩效评价的其他内容。

（3）项目绩效评价原则

①科学规范原则。绩效评价应当严格执行规定的制度，按照科学可行的要求，采用定量与定性分析相结合的方法。

②公正公开原则。绩效评价应当符合真实、客观、公正的要求，依法公开并接受监督。

③分级分类原则。绩效评价由各级部门根据评价对象的特点分类组织实施。

④绩效相关原则。绩效评价应当针对具体支出及其产出绩效进行，评价结果应当清晰反映支出和产出绩效之间的紧密对应关系。

（4）评价依据　绩效评价的主要依据有：

①国家相关法律、法规和规章制度；

②各级政府制定的国民经济与社会发展规划和方针政策；

③评价对象制定的相应管理制度、资金及财务管理办法、财务会计资料；

④评价对象职能职责、中长期发展规划及年度工作计划；

⑤相关行业政策、行业标准及专业技术规范；

⑥评价对象年初制定的绩效目标及其他相关材料，评价对象财务部门预算计划、年度预算执行情况、年度决算报告；

⑦人大审查结果报告、审计报告及决定、监督检查报告；

⑧其他相关资料。

7.1.4　评价等级

项目绩效评价结果可作为项目执行期内，政府安排资金的重要依据。对资金使用效果好的，可以继续支持或加大支持；使用效果不好的，责令整改，整改不到位的要减少预算安排或撤销资金。绩效评价等级划分如表 7-1。

表 7-1　绩效评价等级划分表

等级	对应分值	结果反馈
优	90～100	通报表扬，继续支持及加大支持
良	80～89	
中	60～79	责令整改，整改不到位的，减少资金安排或取消支持
差	0～59	

7.2　绩效目标与绩效指标

7.2.1　绩效目标

绩效目标是绩效评价的对象计划在一定期限内达到的产出和效果，一般包括长期目标和年度目标。长期目标是指描述项目整个计划期内的总体产出和效果，而年度目标是描述项目在本年度所计划达到的产出和效果。

（1）目标设定　绩效目标是绩效管理的基础，是整个项目绩效管理系统的前提，包括绩效内容、绩效指标和绩效标准。项目运维单位在编制绩效目标时，应根据项目的总体要求和具体部署、部门职能划分及项目远期规划，科学、合理地报送绩效目标。报送的绩效目标应与部门目标高度相关，并且是具体的、可衡量的、一定时期内可实现的，并要详细说明为达到绩效目标拟采取的工作程序、方式方法、资金需求、信息资源等，还要有明确的职责和分工。报送的绩效目标应具有如下特点：

①指向明确。绩效目标设置应符合项目运维阶段总体要求及具体部署、部门职能划分和远期规划，并与相应的运维方向、过程、效果紧密相关。

②具体量化。应当从数量、质量、成本和时效等方面进行细化，尽量进行量化，不能进行量化的，应采用定性分级分档形式表示。

③合理可行。制定绩效目标要经过科学预测和调查研究，目标要符合客观实际。

（2）目标审核　绩效主管部门要根据项目运维阶段的方向和重点、部门职能划分等，对各部门提出的绩效目标进行审核，包括绩效目标与部门职能的相关性、绩效目标实现所采取的措施的可行性、绩效指标设置的科学性、实际绩效目标所需资金的合理性等。通常从以下五个方面进行审核：

①预期产出，包括提供的公共产品和服务的数量；

②预期效果，包括经济效益、社会效益、环境效益和可持续影响等；

③服务对象或受益人满意程度；

④达到预期产出所需要的成果资源；

⑤衡量预期产出、预期效果和服务对象满意程度的绩效指标。

绩效目标不符合要求的，绩效主管部门应要求报送单位进行调整、修改；审核合格的，进入绩效运行跟踪监控管理。绩效目标一经确定，一般不予调整。确需调整的，应当根据绩效目标管理的要求和审核流程，按照规定程序重新报批。

7.2.2　绩效指标

绩效指标是衡量绩效目标实现程度的考核工具，主要包括产出指标和效益指标。产出指标是反映项目单位根据既定目标计划完成的产品和服务情况，可进一步细分为：

①数量指标，反映项目单位计划完成的产品或服务数量；

②质量指标，反映项目单位计划提供产品或服务达到的标准、水平和效果；

③时效指标，反映项目单位计划提供产品或服务的及时程度和效率情况；

④成本指标，反映项目单位计划提供产品或服务所需成本，分单位成本和总成本等。

效益指标反映与既定绩效目标相关的、项目支出预期结果的实现程度和影响，包括经济效益指标、社会效益指标、生态效益指标、可持续影响指标及社会公众或服务对象满意度指标等。

（1）原则　绩效指标的确定应遵循以下五个基本原则：

①相关性原则：应当与绩效目标有直接的联系，能够恰当地反映目标的实现程度；

②重要性原则：应当优先使用最具评价对象代表性、最能反映评价要求的核心指标；

③可比性原则：对同类评价对象要设定共性的绩效评价指标，以便于评价结果可以相互比较；

④系统性原则：应当将定量指标与定性指标相结合，系统反映财政支付可预见产生的社会效益、经济效益、环境效益和可持续影响等；

⑤经济性原则：指标应当通俗易懂、简便易行，数据的获得应当考虑现实条件和可操作性，符合成本效益原则。

（2）指标体系　绩效评价指标体系通常包括具体指标、指标权重、指标解释、数据来源、评价标准及评分方法等。指标体系框架如表 7-2 所示。

表 7-2　项目绩效评价指标体系框架表

一级指标	建议分值	二级指标	三级指标	指标解释及备注
项目决策	15±5	战略目标适应性	项目与战略目标（部门职能）的适应性	项目是否能够支持部门目标的实现，是否符合发展政策和优先发展重点
		立项合理性	项目立项的合理性	项目的申请、设立过程中是否符合相关要求，立项资料是否齐全，用以反映和考核项目立项的规范情况
			立项依据的充分性	项目立项是否有充分的依据
			绩效目标的合理性	项目所设定的绩效目标是否依据充分，是否符合客观实际，用以反映和考核项目绩效目标与项目实施的相符情况
			绩效指标的明确性	依据项目申报或执行中绩效目标设定的绩效指标是否清晰、细化、可衡量等，用以反映和考核项目绩效目标与项目实施的相符情况
		……	……	根据具体情况进行调整
项目管理	20±5	投入管理	预算合理性	项目预算编制是否合理、充分、符合客观实际，预算审批是否符合要求，用以反应预算编制的规范情况
			预算执行率	预算执行率＝实际支出/实际到位预算，用以反应预算执行情况
			资金到位率	资金到位率＝实际到位资金/计划到位资金。计划到位资金（含配套资金）与实际到位资金的比值，用以考虑资金是否到位
			资金到位及时率	及时到位资金与应到位资金的比值，用以反映和考核资金到位情况对项目实施的总体保障程度
		……	……	根据具体情况进行调整
		财务管理	财务（资产）管理制度健全性	是否建立了财务、资产管理制度及相应的内控制度
			资金使用合规性	资金使用是否符合相关制度规定
			财务监控有效性	项目实施单位是否为保障资金的安全、规范运行采取了必要的监控措施，用以反映和考核项目实施单位对资金运行的控制情况
		……	……	根据具体情况进行调整
		项目管理	管理制度健全性	项目实施单位的业务管理制度是否健全，用以反映和考核业务管理制度对项目顺利实施的保障情况
			制度执行有效性	项目实施是否符合相关业务管理规定，用以反映和考核业务管理制度的有效执行情况
			项目质量可控性	项目实施单位是否为达到项目质量要求而采取了必需的措施，用以反映和考核项目实施单位对项目质量的控制情况
		……	……	根据具体情况进行调整

续表

一级指标	建议分值	二级指标	三级指标	指标解释及备注
项目绩效	65±5	项目产出	计划完成率	项目的实际产出数与计划产出数的比值，用以反映和考核项目产出数量目标的实现程度
			完成及时率	项目实际完成时间与计划完成时间的比值，用以反映和考核项目产出的时效目标的实现程度
			质量达标率	项目完成的质量达标产出与实际产出数量的比值，用以反映和考核项目的成本节约程度
			成本节约率	完成项目计划工作目标的实际节约成本与计划成本的比值，用以反映和考核项目的成本节约程度
		项目效果	经济效益	项目实施对经济发展所带来的直接或间接影响情况
			社会效益	项目实施对社会发展所带来的直接或间接影响情况
			环境效益	项目实施对环境发展所带来的直接或间接影响情况
		……	……	根据具体情况进行调整
		能力建设及可持续影响	长效管理情况	维持项目发展所需要的制度建设及维护费用等落实情况
			人力资源对项目可持续影响	项目实施后人力资源水平改善状况对项目及单位可持续发展的影响
			硬件条件对项目发展作用	项目实施过程中设备条件的改善对项目及单位可持续发展的意义
			信息共享情况	项目实施后的成果及信息与其他部门共享
		社会公众或服务对象满意度		社会公众或服务对象对项目实施效果的满意程度
		……	……	根据具体情况进行调整
总分	100			

7.3 绩效评价组织与实施

7.3.1 评价方法

绩效评价主要采用成本效益分析法、比较法、因素分析法、最低成本法、公众评判法等方法；其他绩效评价方法还包括案卷研究、现场调研、访谈座谈、问卷调查、对比分析以及定性与定量相结合等方法。评价方法的选用，应当坚持简便有效的原则，根据评价对象的具体情况，可采用一种或多种方法进行绩效评价。

（1）成本效益分析法 成本效益分析法是指将一定时期内的支出与效益进行对比分析，以评价绩效目标的实现程度。成本效益法又称为投入产出法，是将一定时期内的支出所产生的效益与付出的成本进行对比分析，从而评价绩效的方法。在发达国家"成本－效益分析"

是指一系列指导公共开支决策的实践程序的总称，其核心是为公共开支的评价提供一个系统的程序，从而使政策分析可以确定对一个项目总体而言是否有益。

在评价时，将一定时期内项目的总成本与总效益进行对比分析，通过多个预选方案进行成本准备分析，选择最优的支出方案。该方法适用于成本和收益都能准确计量的财政支出评价，但对于成本和收益都无法用货币计量的项目则无能为力，一般情况下，以社会效益为主的支出项目不宜采用此方法。

（2）比较法　比较法是指通过对绩效目标与实施效果、历史与当期情况、不同部门和地区同类支出的比较，综合分析绩效目标实现程度。

比较法又称目标比较法，它是指通过对财政支出产生的实际效果与预定目标的比较，分析完成目标或未完成目标的原因，从而评价绩效的方法。在发达国家，此方法主要用于对部门和单位的评价以及周期性较长项目的评价，是我国目前最主要采用的一种方法。

比较法是一种相对评价方法，其适用范围是当绝对评价标准难以确定，或所使用的客观尺度不尽合理时，必须采取其他的相对方式来衡量绩效。具体来说，比较法是指按照统一的标准评价对象进行相互比较，以确定评价对象绩效的相对水平。这种评价方式在操作上相对简便，省去了一些复杂的量化步骤，主要适用于财政项目资金管理等评价标准的确定较为复杂的项目。

（3）因素分析法　因素分析法是指通过综合分析影响绩效目标实现、实施效果的内外因素，评价绩效目标实现程度。

因素分析法又称指数因素分析法，是利用统计指数体系，分析现象变化中各个因素影响程度的一种统计分析方法。因素分析法是现代统计学中的一种重要方法，是多元统计分析的一个分支，具有极强的实用性。使用这种方法能够把一组反映事物性质、状态、特点的变量，通过科学的方法，精简为几个能够反映同事物内在联系的、固有的、决定事物本质特征的因素。

预算绩效评价因素分析法是指将影响投入和产出的各项因素罗列出来进行分析，计算投入产出比进行评价的方法。很多公共项目都可以用到因素分析法，通过不同因素的权重评比，进行综合评分，最终确定项目的效率性和效益性。采用此种方法的关键在于权重的分配，即如何通过合理配比使得整个评价过程客观全面，并且符合不同项目的实施特点。

（4）最低成本法　最低成本法是指对效益确定却不易计量的多个同类对象的实施成本进行比较，评价绩效目标实现程度。

（5）公众评判法　公众评判法是指通过专家评估、公众问卷及抽样调查等，对财政支出效果进行评判，评价绩效目标实现程度。

对于无法直接用指标计量其效益的支出项目，可以选择有关领域的专家进行评估，或对社会公众进行问卷调查以评判其效益。专家评估主要是聘请有关专家，就评价对象的某一方面进行评价和判断。专家根据绩效评价项目的特点，可以采用多种评判形式，包括"背靠背"或"面对面"评议，或二者相结合的综合评价方式；而对社会公众的问卷调查，则可以通过设计不同形式的调查问卷，将需要进行考评的内容涵盖在设计的问题中，然后将问卷发放给公众填写，在发放过程中需要保证人群的随机性和广泛性，最后汇总分析调整问卷，得出评价结果。

与其他评价方法相比，公众评判法具有民主性、公开性的特点。它最大范围地吸收了社会力量的参与，使整个绩效评价过程较为充分地表达了社会公众的诉求，同时也保证了实施过程的透明度。这种评价方法由于其具有公开性的特点，适用于对公共部门和财政投资的公共设施进行评价，但需要注意设计好相应的评估方式和调查问卷，并有效选择被调查的人群。

（6）其他评价方法　其他经常使用的绩效评价方法包括综合指数法、层次分析法、查问询证法和实地考察法等。

由于评价方法具有多样性，因此在选择合适的绩效评价方法时，既要照顾到项目之间的可比性，又要关注项目本身的特点。财政部门需要对绩效评价方法的选择做出统一的适用原则和标准，对相同类型的项目采取一致的评价方法，以便进行横向比较；同时各具体评价部门（或机构）也需要深入了解项目的特性，结合财政部门的要求选择相适应的评价方法，也可在允许范围内采用个性化的评价方式，以保证评价结果的准确性和实用性。

7.3.2　绩效评价的实施

运维阶段各相关职能部门应制定本部门绩效评价规章制度，具体组织实施本部门绩效评价工作。

7.3.2.1　策划准备

①制定年度运维绩效评价计划。绩效评价部门结合预算管理工作，综合考虑评价数量、评价重点及评价范畴等情况，制定当年度绩效评价工作计划。

②确定绩效评价对象。绩效评价部门根据年度评价工作计划，研究确定年度绩效评价对象。评价对象确定后，原则上不再进行调整。

③制定评价实施方案。根据年度绩效评价工作计划、评价对象及预算管理要求，评价组织机构制定年度绩效评价工作实施方案，明确绩效评价实施工作目标、任务、时间安排和工作要求等具体事项。

④部署绩效评价工作。评价组织机构根据评价对象、内容和参与绩效评价第三方中介机构情况，成立评价工作组，开展有针对性的培训工作，组织开展绩效评价各环节工作。

⑤下达评价入户通知书，明确评价依据、任务、时间、人员等事项。

7.3.2.2　评价实施

（1）制定评价方案及指标体系　在充分了解评价对象的基础上，制定具体评价工作方案。

评价工作方案应明确评价对象、评价目的、评价内容、评价方案、指标体系框架、组织形式、技术和后勤保障等内容。

（2）收集与审核资料　评价工作组根据资料清单，结合评价对象实际情况收集资料，并对所收集的资料进行核实和全面分析，对重要的和存在疑问的基础数据资料进行核实确认。

评价资料是对相应评价指标进行评分的依据。资料搜集应注意以下事项：

①明确每一末级指标（评分标准和依据）所对应的评价资料，确保每一末级指标都有明确对应的支撑资料。

②围绕确定的末级指标，对于需要由被评价方（项目单位及子项目单位）提供的资料，将资料清单提供给评价方，要求限期提供。对于不同类型的资料应全部提供，如对于内容较多的同类型资料，可按一定比例进行现场抽查后统一提供。

③对于来自利益相关者的观点，可设计访谈内容，制定访谈计划，根据部门利益相关者的范围，有重点地、科学地抽取一定数量的利益相关者进行访谈，规范二进制访谈问卷。对于利益相关者人数众多的情况，可设计调查问卷，进行问卷调查。

④对于具体的产出目标完成情况，需进行现场检查或测量，勘查前需制定检查方案，明确具体的检查内容和方法。对于不同类型的内容，应全面检查，如果需检查内容较多，可选定科学合理的检查比例进行抽查。

⑤项目决策资料。包括项目单位职能文件，项目单位中长期规划，项目单位本年工作计划，立项背景及发展规划，项目立项报告或任务书，上级主管部门对于立项的批复文件，项目申报书，绩效目标表，项目可行性研究报告，立项专家论证意见，项目评审报告，项目内容调整和预算调整有关的申请和批复。

⑥项目管理资料。包括项目实施方案，项目预算批复，项目管理制度与项目执行相关的部门或单位内容财务管理制度反映项目管理过程的相关资料，项目经费决算表，审计机构对项目执行情况的财务审计报告。

⑦项目绩效资料。包括：项目单位绩效报告；项目执行情况报告，其反映产出目标（产出数量、质量、时效和成本）完成情况的有关证据资料，如评价机构对项目产出目标完成情况及调研结果、评价专家对项目产出目标完成情况的认定证明、项目完工验收报告、科研课题结题报告、项目完工实景图纸、采购设备入库记录等；反映项目实施效果的证据资料，如反映项目实施效果的有关经济数据、业务数据、发表论文、申请专利与专利授权、获奖情况、服务对象调查问卷、项目实施效益与历史数据对比、成本合理发生分析等。

（3）现场调研和勘察　按照工作方案内容，评价工作组到项目现场进行实地调研和勘察，并对勘察情况进行图片和文字记录，有明确服务对象的，要设计调查问卷，进行服务对象满意度调查。

（4）筹备和召开专家评审会　评价工作组应遴选具有丰富经验的管理专家、财务专家和业务专家，组成专家评价工作组，在完成评价会资料准备和召开专家预备会的基础上，召开专家评价会。专家对绩效实现情况进行评价和打分，并出具评价意见。

（5）撰写评价报告及反馈　评价工作组在专家评价会结束后，汇总专家打分和评价意见，撰写绩效评价报告，并就报告中所反映的问题与被评价单位进行沟通，征求被评价单位意见。

7.3.2.3 总结

①形成正式评价报告。评价工作组在被评价单位反馈意见的基础上，对报告内容进行完善，形成正式绩效评价报告和报告简本，并将绩效评价报告和评价资料报送评价组织机构。

②归档绩效评价资料。绩效评价工作结束后，评价组织机构应及时将资料整理归档。

7.4 报告、反馈及应用

7.4.1 绩效自评报告

一、项目概况

（一）项目单位基本情况。

（二）项目年度预算绩效目标、绩效指标设定情况，包括预期总目标及阶段性目标；项目基本性质、用途、主要内容、涉及范围。

二、项目资金使用及管理情况

（一）项目资金（包括财政资金、自筹资金等）安排落实、总投入等情况分析。

（二）项目资金（主要是指财政资金）实际使用情况分析。

（三）项目资金管理情况（包括管理制度、办法的制订及执行情况）分析。

三、项目组织实施情况

（一）项目组织情况（包括项目招投标情况、调整情况、完成验收等）分析。

（二）项目管理情况（包括项目管理制度建设、日常检查监督管理等情况）分析。

四、项目绩效情况

（一）项目绩效目标完成情况分析。将项目支出后的实际状况与申报的绩效目标对比，从项目的经济性、效率性、有效性和可持续性等方面进行量化、具体分析。

其中：项目的经济性分析主要是对项目成本（预算）控制、节约等情况进行分析；项目的效率性分析主要是对项目实施（完成）的进度及质量等情况进行分析；项目的有效性分析主要是对反映项目资金使用效果的个性指标进行分析；项目的可持续性分析主要是对项目完成后，后续政策、资金、人员机构安排和管理措施等影响项目持续发展的因素进行分析。

（二）项目绩效目标未完成原因分析。

五、其他需要说明的问题

（一）后续工作计划。

（二）主要经验及做法、存在问题和建议（包括资金安排、使用过程中的经验、做法、存在问题、改进措施和有关建议等）。

（三）其他。

六、项目评价工作情况

包括评价基础数据收集、资料来源和依据等佐证材料情况，项目现场勘验检查核实等情况。

7.4.2 绩效评价报告

一、项目基本情况

（一）项目概况。

（二）项目绩效目标。

1.项目绩效总目标。

2.项目绩效阶段性目标。

二、项目单位绩效报告情况

三、绩效评价工作情况

（一）绩效评价目的。

（二）绩效评价原则、评价指标体系（附表说明）、评价方法。

（三）绩效评价工作过程。

1.前期准备。

2.组织实施。

3.分析评价。

四、绩效评价指标分析情况

（一）项目资金情况分析。

1.项目资金到位情况分析。

2.项目资金使用情况分析。

3.项目资金管理情况分析。

（二）项目实施情况分析。

1.项目组织情况分析。

2.项目管理情况分析。

（三）项目绩效情况分析。

1.项目经济性分析。

（1）项目成本（预算）控制情况。

（2）项目成本（预算）节约情况。

2. 项目的效率性分析。

（1）项目的实施进度。

（2）项目完成质量。

3. 项目的效益性分析。

（1）项目预期目标完成程度。

（2）项目实施对经济和社会的影响。

五、综合评价情况及评价结论（附相关评分表）

六、绩效评价结果应用建议（以后年度预算安排、评价结果公开等）

七、主要经验及做法、存在的问题和建议

八、其他需说明的问题

7.4.3 绩效评价成果的应用

预算绩效结果应用既是开展预算绩效管理工作的基本前提，又是完善预算编制，增加资金绩效理念，合理配置公共资源，优化支出结构，强化资金管理水平，提高资金使用效益的重要手段。各预算单位要高度重视预算绩效管理结果应用工作，积极探索一套与部门预算相结合、多渠道应用管理结果的有效机制，提高绩效意识和财政资金使用效益。

绩效管理部门要结合绩效评价结果，对被评估项目的绩效情况，完成程度和存在的问题与建议加以综合分析，建立绩效评价相关结果的应用制度。

（1）建立绩效评价激励与约束机制

①绩效评价结果优秀且绩效突出的项目，应安排后续资金时给予优先保障；对于结果评价优秀的项目，安排该部门其他项目资金时给予综合考虑。

②绩效评价结果为良好的，对于实施过程评价的项目，在安排后续资金时给予保障，力求延续项目能持续有效开展。

③绩效评价结果为合格的，对于实施过程评价的项目，财政部门及时提出整改意见，并对该整改意见落实情况进行跟踪观察，在此过程中，拨款及会议暂缓进行，对于完成结果评价的项目，在安排该部门其他项目资金时，原则上不再具备优先保障资格。

④评价结果为不合格的，对于实施过程评价的项目，财政部门及时提出整改意见，整改期间停止安排资金的拨款和支付，未按要求落实整改的，要会同有关部门向上级部门提出暂停该项目实施的意见。对于完成结果评价的项目，在安排该部门新增项目时，应从紧考虑，并加强项目前期论证和综合分析，以确保项目资金使用的安全有效。在安排该部门其他项目资金时，不再具备优先保障资格。

（2）建立信息报告制度

①共享制度。绩效评价机构应及时将项目的评价结论通知给相关财政支出管理机构，作

为财政支出管理机构在向部门和单位下达预算控制数时调整项目资金的依据。

②通报制度。为督促各部门和项目单位如期完成绩效自评工作，对部门和项目单位绩效自评完成进度、完成质量以及组织开展等情况，在一定范围内对其评价结论予以通报，促使其自觉地、保质保量地完成项目的绩效自评工作。

③公开制度。不断提升绩效评价社会参与度，在公开绩效评价政策、程序的同时，对社会关注度高、影响力大的民生项目预算绩效情况，可通过有关媒体公开披露，使公众了解有关项目的实际绩效水平，接受社会公众监督。

（3）建立责任追究制度　在绩效评价中发现的违规行为，要借助管理监督的依据和手段，查清责任部门违规事实，督促责任部门认真加以整改和落实，增加绩效评价结果应用的严肃性和有效性，确保资金活动在允许的范围内进行。对于严重违规行为，应予以制止并追究责任。

第 8 章

运维管理策略和风险

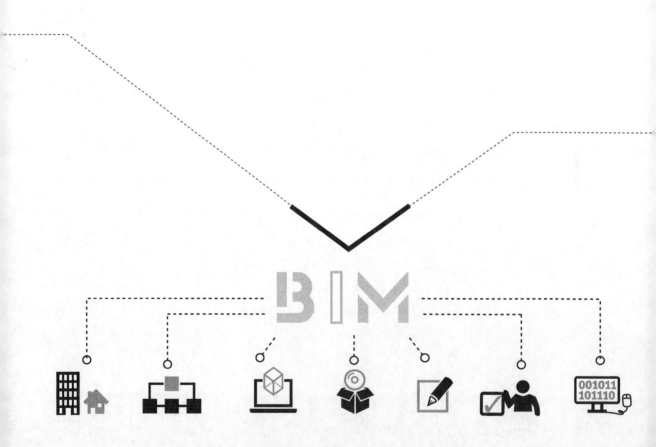

BIM 技术的应用与发展问题并非只是技术问题，而更多的应是统筹管理问题。要实现基于 BIM 的建筑项目运维的统筹管理，就离不开现代管理理念下建立有效的组织结构作为保障。

8.1 传统运维管理组织结构的制约

组织结构设计是通过对组织资源的整合和优化，确立企业某一阶段的最合理的管控模式，实现组织资源价值最大化和组织绩效最大化，也就是在资源有限的情况下通过组织结构设计提高组织的执行力和生产力。组织结构设计是采用以结构元素进行合理的分配并建立相互的关系来突显组织绩效的。因此，只有明确传统组织结构的特点，才能有效地分析出传统组织结构对基于 BIM 的项目运维管理制约路径。传统的运营项目组织是建立在分工协作基础上，与集权管理体制相适应的"金字塔"式层级组织，如图 8-1。其结构具有多层级、协调困难、组织不稳定和内部摩擦大等缺点，它与 BIM 化组织结构特征的对比，如表 8-1 所示。传统的运维组织结构是与传统运营环境相适应的。而随着全球商业化、信息化的发展和 BIM 理念的引入，运营环境发生了巨大改变，传统的组织结构已不再适用，具体表现在以下三个方面：

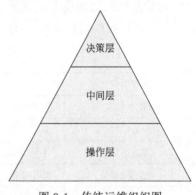

图 8-1 传统运维组织图

（1）不利于组织间的信息沟通　BIM 技术在项目运维中的有效实施需要依靠对信息进行高效地收集、整合、处理和传输，其实施的成功与否很大程度上取决于项目各部门的合作水平，而组织间相互的协同工作要以可靠和及时的信息沟通作为基础。在基于 BIM 的项目管理中，项目组织间的沟通频率要远大于传统运维管理，因而需要有良好的沟通途径作保障。

在传统的运维组织结构下，组织设计严格按照职权来划分，机械地设计了管理的层次和职能部门，信息的传递方式始终以纵向传递为主，缺乏横向的信息沟通。首先，在纵向上管理层次居多，致使信息的传递速度过慢，同时信息在层层过滤后，信息的准确率不断降低。

其次，因为横向信息互动的缺失，导致部门间的相互协作变得较难，协作的效率也大大降低。总之，沟通障碍不仅影响了以 BIM 为基础的各部门的协同工作，还打破了由 BIM 技术建立的设计、施工和运维阶段的关系链，使运维阶段重新变得孤立。传统组织结构不但严重降低了组织效率，而且使职能的分工也变得复杂，其后果必然是导致运维成本增加、总控效力降低，甚至会造成整个地产项目开发的失败。

（2）不利于组织间协同合作的工作关系　基于 BIM 的项目运维管理的有效实施需要组织间建立紧密的合作关系，而组织间的紧密合作关系必须以协同合作的工作关系为基础。由于在传统运维管理中，运维中的各部门都过于注重自身利益，没有体现团结协作的精神去统一完成项目目标，导致传统运维项目组织变得难以协调。

（3）不利于灵活地应对地产运营项目中的风险　项目运维管理包含了对通风系统、供暖系统、消防系统、给排水系统、运输通信系统等大量系统的管理，在各个系统中存在着许多难以预计的风险需要及时处理，但及时处理这些突如其来的事件所带来的风险就必须建立灵活的组织结构，以便对环境做出快速的反应。但传统的组织结构总是伴随着层级过多、信息传递过慢等缺陷，而因此导致问题的解决错过了最佳时机的现象发生。

在商业地产运维项目管理过程中，指令的传达往往要经过项目总部、项目支部、职能部门、工作班组等多个层次才能最终下达到直接从事业务操作的业务人员那里，倘若再考虑到每个层级内部的组织结构，很难想象多层管理面临的局面有多复杂。由此看出，金字塔形多层级的信息沟通与传递方式不但会因信息的传递时间过长而导致组织错失解决问题的时机，而且还容易导致信息的扭曲、短缺、失真，甚至错误。

表 8-1　两种组织模式比较

比较项目	传统组织结构	基于 BIM 组织结构
层次与幅度	层次多，幅度窄	层次少，幅度宽
权力结构	集中，等级明显	分散，多样化
等级差异	不同等级差异大	不同等级差异较大
决策权	集中于高层	分散于整个组织
沟通方式	上下级间距离长	强调平级沟通
职责	附加于具体职能部门	全体成员分担
协调	通过规定的管理程序	手段多样，注意直接沟通
持久性	倾向于固定不变	持续调整，适应变化

8.2　基于 BIM 的运维管理组织结构设计

8.2.1　基于 BIM 的运维组织结构

基于 BIM 的运维组织结构是一种扁平化横向组织结构，它改变了传统金字塔形结构那种自上而下的信息传递模式，不仅精简了组织管理层次，细化了组织管理职能分工，还扩展了组织管理的幅度。这种扁平化组织模式是一种极具灵活性、柔韧性和创造性的动态组织结构，它能够更快速更切合地融入环境，对建设环境中突发性的事件具有敏捷的应变性，可以迅速做出调整，更快地实现项目目标。根据弗兰克·奥斯特罗夫的《水平组织》一书，扁平化组织的构建原则如下：

①组织和设计势必需要以核心流程为中心；

②任用的管理者必须能够负责整个核心流程；

③团队要作为组织设计和实施的根基；

④减少不增值的工作或者授予队员权利，做出决策，削弱垂直组织；

⑤必须与客户和供应商融为一体；

⑥授权于人；

⑦利用信息技术帮助人们实现绩效目标及为客户提供价值；

⑧加强员工多种能力的培养；

⑨提高掌握多种技能、创造性思维的能力以及灵活应对团队工作中出现的新挑战的能力；

⑩将职能部门重新设计，与核心流程小组合作；

⑪衡量流程终端的价值目标、顾客满意度、员工满意度和财政税收；

⑫建立一种开放、合作、协调的企业文化。

综上所述，扁平化组织的特点和设计原则无疑更加贴合建筑项目的运维管理，但要使扁平化组织能够更顺畅的运用仍需要具备两个条件：硬条件和软条件。其中硬条件是指能够进行信息高效收集、处理和共享的信息平台，这些都依赖于建筑信息化的建设与发展；软条件是指具有专业技术知识、建筑信息化理念和由熟悉整个项目实施全过程的各专业工程师组成的高效率项目团队，它依赖于技能人才的使用与培养和相关数据库、信息库的构建。

8.2.2　基于 BIM 的运维组织结构设计原则

结合项目运维管理扁平化组织的特点和 BIM 理念总结出以下三项原则：

（1）无层级原则　基于 BIM 的运维管理在组织结构上要遵循无层级、扁平化的原则。组织是多种关系模式的汇总，信息沟通则是组织的基础。借助于 BIM 和现代网络通信工具，项目各部门可以实现自由沟通，传统组织结构的层级设置将不再必要，取而代之的是无层级的网络组织。图 8-2 为商业地产项目运维管理网络组织图。

（2）强调分权原则　领导的决策力和组织能力的有效结合是组织绩效的决定因素，在传统的组织结构中，往往是对有决策权的人不断地进行知识培训与转移，而不是给予专业技术人才决策权。由于专业技能的培养需要的时间相对较长且培养花费较大，因此为了不断地提升掌握决策权人的裁断效力，就必须将决策权下放给真正拥有技术的人。

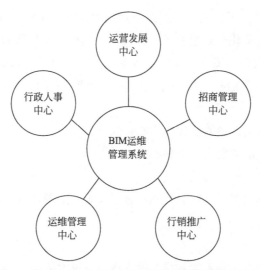

图 8-2　基于 BIM 的商业地产项目运维管理网络组织图

传统运营组织结构的集权化管理中信息的传递速度较慢，不仅延长了决策时间，影响了决策效率，还造成了许多因决策延误导致的项目市场机会的丧失。哈耶克指出：最后做决策的人必须是那些拥有核心竞争力，掌握核心技术，熟识项目环境并拥有技术资源的人。基于 BIM 的项目管理将打破集权化管理模式，重新划分权力边界，将部分权力下放给拥有专业知识的人才，在组织模式上，设立以 BIM 为核心的运营团队，统筹多方面专业意见，不断提升决策效力。

（3）强化关联原则　参与运维管理的各部门都是相互独立的组织系统，各部门都有自己的利益归属和运行体系。但是为了完成项目目标，各部门必须将自己的组织目标融入到项目目标当中，成为项目组织系统的一员。组织结构设计的目标是通过对组织资源的整合和优化，使之融合成统一的整体，实现组织资源价值最大化和组织绩效最大化。

固有的运维模式割裂了各部门之间固有的联系，也造成了项目组织的分离。基于 BIM 的商业地产运营项目管理不仅要在运营过程中恢复部门之间的紧密联系，还要从组织上强化部门之间的联系。要实现这一目标，不同项目组织间就必须强化关联，以整体的方式对待项目运维过程中的问题。增强组织的关联性需在组织结构上，打破传统的层级组织模式，建立扁平化的网络组织。在组织细化职能分工方面，必须破除传统组织模式的枷锁，重新组建符合新环境的组织职能分工体系。

8.3　基于 BIM 的运维管理组织结构模型

根据上述组织结构设计原则，构造基于 BIM 商业地产运营项目管理的组织结构模型，如

图 8-3 所示，该模型有以下 4 个特征。

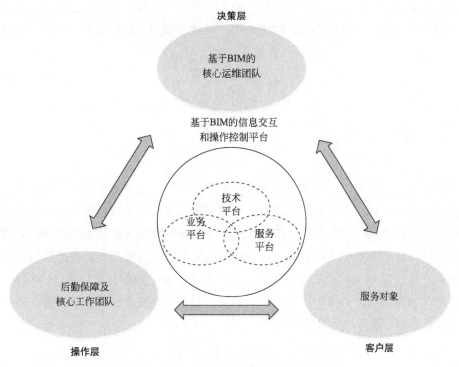

图 8-3 基于 BIM 的运维管理组织结构模型

8.3.1 层次划分

在层次划分上，该模型包括三个层次和两个纽带。

第一层是决策层，决策层主要内容就是建立项目的核心 BIM 团队，BIM 团队的成员主要由对项目运维起到关键性作用并对整个运营项目有决策性控制权的关键部门负责人组成，这里的核心 BIM 团队是整个运维管理组织的大脑，它可根据项目的具体情况相互协调，共同决策运维管理中的大小事务。

第二层是操作层，操作层主要是指后勤保障及核心工作团队，核心工作团队的操作和执行效率必须强大，核心工作团队是突显组织核心竞争力与核心效力的团队，其与后勤保障团队一起依据 BIM 核心团队的决策支援其他工作团队，同时服务企业重要客户并反馈信息给 BIM 核心团队。

第三层是客户层，客户层主要是由参与商业项目的直接客户群和间接客户群组成，它们是企业的服务对象，更是运营项目长远发展信息的主要来源。

两个纽带是指由 BIM 的信息交互与控制平台组成的硬纽带和由达成共识的愿景、使命、具体目标构成的无形的软纽带。硬纽带是由包含地产开发中设计和施工等各阶段所积累的

BIM 模型及数据库，后期运营数据库和 BIM 模型维护部等创建的技术平台，各个职能部门为保障各项工作有条不紊进行的业务平台和为满足各大客户群体需要形成的服务平台组成；而软纽带是包含了运营项目各部门人员的使命感、成就感和荣誉感等精神力量，是运营项目的精神食粮。

8.3.2　任务分工

在任务分工上，决策层、操作层和客户层有很大区别。决策层主要由招商部门、物业部门、商业管理部门、客户服务部门等智慧密集型部门的精英构成，承担运营项目中的决策工作。操作层由工程部门、安保部门、维修部门、采购部门等技术密集型和劳动密集型部门构成，承担运营项目中具体工作的实施。客户层由服务部门、咨询部门、营销部门等服务客户的部门构成，承担运营项目中的客户服务工作。具体地说，决策层的主要工作定义是规划、监管、评估、协调和决策，操作层的主要工作定义是计划、实施、检查和协调，客户层的主要工作定义是咨询、服务、反馈和协调。

8.3.3　工作方式

在工作方式上，基于 BIM 的运维管理模式将不再以二维、抽象、分隔的图纸和报表作为组织间协作的媒介，取而代之的是参数化、显像、相联系的 BIM 模型。项目运维的协同管理是跨组织边界和跨地域的，不仅要建立适用于工作方式的管控平台，还需要整合整个项目内的空间信息、材料设备信息、构件信息和地理信息等功能和物理信息。应用 BIM 技术可以有效地管控运营项目，促使项目中的各个部门都以 BIM 模型与思想运用于协同工作中，及时地共享自己工作内的信息。

BIM 技术作为组织间协同工作的基础包含了两层含义。首先，项目各部门将应用 BIM 技术所提供的数据源展开工作，数据的整合与汇总不仅大幅提高了信息的复用性，还减少了数据冗余和信息传递过程中的失真与错误，充分发挥 BIM 运维管理的最大优势。其次，BIM 为项目各部门提供了协同工作平台。例如，在开发前期，业主在与租户沟通时，BIM 的可视化功能可以帮助租户定位所需要的户型，提早签订租用合同；在运维过程中，业主通过 BIM 技术不仅可以进行能源的监控，还可以进行日常的设备运行和管控，从而降低运营成本；最重要的是 BIM 技术可以进行应急预案模拟，如火灾模拟和人员疏散模拟等，以便在真正发生灾害时可以最快地确定发生地点，控制设备运行，并指导安保人员对人群进行保护，从而降低企业经济和信誉损失。

8.3.4　沟通协调方式

在沟通协调方式上，传统的运维管理职能是以控制和命令为基础的。而在基于 BIM 的运维组织中，透明的工作环境使组织中的层层管控、严格督查的体系没有了价值，基于 BIM 的运维管理的控制是通过对目标的不断监控、评估、评价和对实际工作的管控完成的。而它的完成是依靠简单、平等、协作、共赢的组织环境和工作效率的不断提高来实现的。因此，在基于 BIM 的运维管理过程中，传统组织结构中的单箭头直接命令与管控变成双箭头的相互关联，传统的指令关系变成了前后关联的工作关系。

8.4　风险管理

8.4.1　运维管理中的风险因素

在项目运维管理过程中，会出现各种不确定因素、模糊因子和潜在的危机等造成计划目标与实际目标产生偏差和既定目标的失败等，而这些不利的因素和因子可以称为项目运维管理的实施风险。其实施风险与实施中的各种因素密切相关，涉及人员思想、观念等多种因素，并且随外界条件的变化而改变。项目运维管理中的风险因素包括：

（1）政策风险　政策风险是指在项目开发全寿命周期内，由于国家政策的改变而引起的项目风险。政策风险主要包括土地政策风险、规划政策风险、货币政策风险和财政税收政策风险等。

（2）操作风险　操作风险是指因为组织构建不合理、组织分工不明确等组织问题，员工效率低下、BIM 理念不完善等人员问题和因外部因素影响的不可预见事件等引起的操作失误而造成的风险损失。如前文所述，在基于 BIM 的项目运维管理中已经建立了有效的组织管理结构，以此来降低操作风险，但是也因此要求操作人员能够熟悉地掌握 BIM 技术及相关的运维软件，这样对操作人员的操控效力和能力都要求非常高。

（3）信息不对称风险　信息不对称风险是指项目中各方或者各个阶段由于信息沟通不畅、信息失真和信息流动缓慢等造成的风险，在项目运维中应用 BIM 技术已经有效地改变了运营阶段在全寿命周期内的信息孤岛状况，但信息不对称的风险还是存在的。

（4）组织风险　主要指来自企业组织环境的风险，其中包括组织结构不合理、管理缺陷和高层管理者支持不足等原因造成的风险。如前文介绍，已经建立了 BIM 理念下高效的组织架构，从而规避了因组织不合理带来的风险，但无论如何基于 BIM 的运维管理，始终需要高层支持和部门之间的配合，所以因组织风险带来的损失也不可估量。

（5）团队风险 团队风险包括由 BIM 设计团队、BIM 施工团队、BIM 运营团队的流转率及专业技能、对任务的熟悉程度、对 BIM 的理解程度、团队的合作、积极性、沟通等引起的风险。

（6）培训不足导致的风险 BIM 培训的促进作用已被广泛接受。培训不仅仅只是一次简单的知识转移，而更多的是观念的转变。只有在观念上的转变，才能让 BIM 更好地应用于建筑业。培训不足导致的风险实质上就是因对 BIM 技术和理念掌握不够，难以做到在实施过程中齐心协力、行动和理念一致等所引起的风险。

（7）商业地产项目招商风险 商业地产项目招商风险，包括招商策划与商业规划风险、招商模式选择风险、供应商及商户管理风险和招商业主信誉风险。招商的好坏，品牌定位的准确与否，能否按计划、规划、定位招到合适的商家是商业地产运营项目成败的又一个关键点和风险点。

传统的招商风险主要包括：招商策划与商业规划风险，招商模式选择风险和供应商及商户管理风险。在基于 BIM 的商业地产运营项目管理中，可以通过 BIM 的可视化技术，让商户在项目未建成时就了解商铺所在位置，甚至是室内管线排放和内部装修可采用的风格，这样可以合理地规避招商模式选择风险，并大大降低供应商及商户管理风险。但 BIM 技术下的商业地产运营项目管理也带来了更多的招商业主信誉风险，比如交房时的效果和前期商户看到的是否一样，是否能达到预期商户的满意度等。

（8）财务风险 财务风险是指业主财务出现问题而致使商业地产运营项目不能正常经营，形成资金回收相对困难等状况造成的风险。其包括财务杠杆风险和拖欠风险，财务杠杆风险是指业主在项目建设中应用借贷资金进行透支和产出引发的风险；拖欠风险是指在商业地产运营项目中因商户拖欠房租或借款时，资金转嫁给业主所带来的风险。

（9）设施与设备管控风险 很多商业型项目包含了大量的设施与设备，设施设备的"罢工"随时存在，所以应用 BIM 的设施设备管控将大大降低此项风险。

（10）灾害风险 灾害风险是指由于不可抗力的外在因素如地震、火灾等引起的风险对项目造成的损失，不过在基于 BIM 的运维管理中，可以应用 BIM 灾害预警和控制技术将此风险带来的损失降到最小，同时这项灾害也可以与保险公司共同承担。

（11）市场与竞争风险 对于商业型项目，这类风险往往不能被忽略，当市场竞争的规模变大，市场竞争激烈及市场竞争方式转变时，就会迫使业主不得不着手改变业态和营销模式，业态和营销模式的改变必然引起设备的更新与装修设计的改变，这都将损失掉项目的原有价值。

任何项目建设的目的都是为了投入使用，项目只有使用才有价值，使用的价值取决于运行维护是否正常。建设工程项目运维风险管理是指通过风险识别、风险分析和风险评价去认识项目的风险，亦对已知的未知、未知的未知进行预判、管理和防控，也就是对潜在的意外或损失进行识别、衡量和分析，并在此基础上加以有效的控制，用最经济合理的方法处理风险，以实现最大安全保障的一种管理方法。

8.4.2 风险管理的步骤和方法

8.4.2.1 风险识别

风险识别就是确认有可能会影响项目进展的风险，并记录每个风险所具有的特点，是风险管理的第一步，也是风险管理的基础。它是发现、辨认和表述风险的过程，是在风险事故发生之前，通过运用各种方法去系统、连续地认识所面临的各种风险以及分析风险事故发生的潜在原因，包括了解风险环境、分析风险特征、区分风险类别。项目风险识别流程如图 8-4 所示。

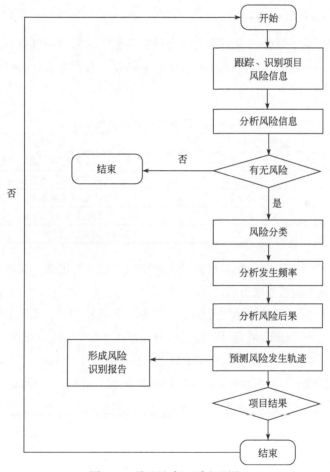

图 8-4 项目风险识别流程图

8.4.2.2 风险量化

风险量化即评估风险和风险之间的相互作用，以便评定项目可能产出结果的范围，也就是对风险进行分析。它是系统运用相关信息来确认风险来源，评估风险，内容包括发生的概率估计、损失程度（影响）估计，通过数理统计、概率论等风险衡量方法计算量化风险等级。

（1）风险发生概率分析　风险发生概率是各个风险隐性引发风险时间的可能性，一般采取 0～1 之间的数字 p 来标度，数值越小风险发生的可能性也越低。在对建设工程项目风险进行概率分析时应该结合行政法规、行业变化的趋势、社会因素、市场变化规律以及项目本身综合性评估，见表 8-2。

表 8-2　风险发生概率评判参考标准

等级	定量评判标准	定性评判标准
高	$1.0 \geqslant p > 0.8$	极有可能发生
较高	$0.8 \geqslant p > 0.6$	很有可能发生
中等	$0.6 \geqslant p > 0.4$	有可能发生
较低	$0.4 \geqslant p > 0.2$	发生的可能性较小
低	$0.2 \geqslant p > 0$	发生的可能性很小

（2）风险影响评估　风险影响是指在社会风险评估中，风险一旦发生对审核稳定造成负面影响的严重程度，一般用 0～1 之间的数字 q 来标度，数值越小表示严重程度越大，反之越大，见表 8-3。

表 8-3　风险发生概率评判参考标准

等级	定量评判标准	定性评判标准
严重	$1.0 \geqslant q > 0.8$	在全国或更大范围内造成负面影响
较大	$0.8 \geqslant q > 0.6$	在省市范围内造成负面影响
中等	$0.6 \geqslant q > 0.4$	在当地造成负面影响，短期较难消除
较小	$0.4 \geqslant q > 0.2$	在当地造成负面影响，可短期消除
微小	$0.2 \geqslant q > 0$	在当地造成负面影响，宣传解释即可消除

在运用这个影响评价标准分析项目建设中风险因素时，可以通过风险发生对项目本身的质量、进度、投资的影响程度来分析。

（3）风险程度　通过分析评估风险的发生概率、影响程度后，将两者组合值（概率定量值 × 影响定量值）来评判风险的重要程度，可分为重大（0.8 以上）、较大（0.4～0.8）、一般（0.2～0.4）、较小（0.1～0.2）、微小（0.1 以下）五个等级，见表 8-3。

在建设项目策划管理中，运用以上分析得出的风险程度排序，形成风险管理清单表单，为分析对策、研究工作和后期风险管控方向提供决策依据，并将较大、重大风险作为风险对策研究的核心重点。

8.4.2.3　风险对策研究

风险对策研究是确定对机会进行选择及对危险做出应对的步骤，也就是风险决策的过程。其是根据风险估计结果对风险进行分析，确定该风险是可承受还是需要进行处理，决策分别采用风险回避、风险控制、风险转移、风险自担、风险保留、风险利用等措施，来合理地分配和控制风险，将风险降低到最低程度。

（1）风险回避　风险回避是彻底规避风险的一种做法，即断绝风险的来源。对投资项目决策分析与评价而言就意味着提出推迟或否决项目的建议。

（2）风险控制 风险控制是针对可控性风险采取的防止风险发生、减少风险损失的对策，也是绝大部分项目应用的主要风险对策。风险控制措施必须针对项目具体情况提出，既可以是项目内部采取的技术措施、工程措施和管理措施等，也可以采取向外分散的方式来减少项目承担的风险。

（3）风险转移 风险转移是试图将项目业主可能面临的风险转移给他人承担，以避免风险损失的一种方法。转移风险有两种方式：

① 将风险源转移出去，风险源是指可能会导致风险后果的因素或条件的来源。

② 部分或全部风险损失转移出去。其又可细分为保险转移方式和非保险转移方式两种。保险转移是采取向保险公司投保的方式将项目风险损失转移给保险公司承担；非保险转移方式是项目前期工作采用较多的风险对策，它将风险损失全部或部分转移给技术转让方。

（4）风险自担 风险自担就是将风险损失留给项目业主自己承担，一般存在以下三种情况：

① 已知有风险但由于可能获利而需要冒险时，必须保留和承担这种风险，例如资源开发项目和其他风险投资项目；

② 已知有风险，但若采取某种风险措施，其费用支出会大于自担风险的损失时，常常主动自担风险；

③ 风险损失小，发生频率高的风险。

风险对策不是互斥的，实践中常常组合使用。在决策分析与评价中应结合项目的实际情况，研究并选用相应的风险对策。

实施风险对策研究的目的就是将风险损失降到最低，因此需承接上述风险评估的结论，延续对策研究结果，整理并及时反馈到投资决策、工程建设的各个方面，据此修改数据或调整方案，进行项目方案的再设计、再策划，在调整后的方案条件下再次评估分析。

8.4.2.4 风险对策实施

风险对策实施是按照风险决策方案监控风险发生、处理、消失的过程，包括执行风险管理方案、反馈信息、调整修正、效果评价。即跟踪已识别的风险，按风险控制对策实施风险控制，并分析记录实施过程消减风险的效果及出现的新风险因素，反馈再次进行风险识别、评估，调整实施新的风险处置措施，这样循环往复，形成风险管理过程的动态性、闭环性，如图 8-5 所示。

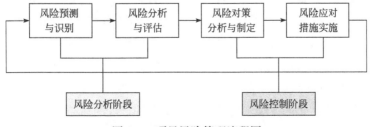

图 8-5 项目风险管理流程图

8.4.3 建设工程项目运维风险管理目标

随着我国经济水平的发展，建筑行业在建设体量、建设要求上也在不断提高，大型、特大型项目越来越多，建设项目的投资额巨大、建设周期长、参建单位多、施工技术复杂、施工难度大，在对经济、技术、生态环境、国民经济和社会发展的影响上存在较多不确定性因素，在项目建设全生命周期的各个阶段、各个环节都存在风险管理的需求。

（1）建设工程项目运维风险特点分析

① 风险事件发生的概率大。建筑工程项目运维的风险因素多，风险事件发生的概率大，有些风险因素和风险事件发生的概率很大，这些风险事件一旦发生会带来相当严重的后果。

② 特别性。建筑工程项目运维除由于类型独特决定了其风险事件各有不同之外，对于同类型的工程，由于各方面的原因也有很大的差别，所以建设工程的风险具有特别性。

③ 烦琐复杂性。建筑工程项目运维的风险事件多，关系又错综复杂，其相互关联、关系复杂又互相影响，决定了建设工程运维风险的烦琐复杂性，无形中也增加了建设工程项目运维风险识别的难度。

④ 建筑工程项目运维参与各方均存在一定的各种风险，但各方的风险不尽相同。

（2）建筑工程项目运维风险管理的目标。

① 合理控制成本，实现项目投资效益目标；

② 减少环节或内部对建筑工程项目运维的干扰，保证项目按计划实施；

③ 实际质量满足合同要求质量；

④ 建筑工程项目运维无重大安全事故。

8.4.4 建设项目风险管控内容及措施

8.4.4.1 参与单位在风险管控中的参与程度

建设工程项目运维因其周期持续时间长、参与相关单位多，不仅所涉及的风险因素多，风险发生时影响面广但影响程度不同。政治、经济、社会、自然、技术等各方面的风险因素产生的风险事件都会不同程度地作用于建设工程项目运维，产生错综复杂的影响。其中，不乏有些风险因素和风险事件的发生概率很大，往往还造成比较严重的影响。

建设工程项目运维风险管理就是通过风险识别、风险分析与评估、风险决策以及通过多种管理方法、技术手段对项目涉及的风险进行有效的控制，是贯穿建设工程项目运维全生命周期的、系统的、完整的过程，是需要建设单位、运维单位、参与相关单位等参与单位共同参与完成，是采取主动控制的方法，去除扩大风险事件造成的后果，减少风险事故造成的不利后果，以最少的成本保证安全、可靠地实现建设工程项目运维的总目标。

8.4.4.2　建设工程项目运维风险管控框架建立

建设工程项目运维有着不同于其他项目风险管理的侧重点。从项目投资主体来说，建设工程项目有政府投资方、银行贷款方、国有企业的不同建设主体；从建设项目的发包模式来说，存在着具有代表性的 PPP、EPC、DBB 等不同的发包模式。因项目主体变化、承发包模式变化，项目建设过程中利益相关者对项目建设的支持度、风险因素发生时的影响程度、风险承受能力不尽相同。然而，无论是何投资主体、承发包模式，建设项目的质量、进度、投资、安全管控目标方向是不会变化的。因而，在建设工程项目运维风险管控框架策划时，可以将程序合规性管理风险管理单独列出，其他以风险因素发生时对运维的影响为脉络，从法律法规（政治因素）、政策规范（社会因素）、市场变化（经济因素）、不可抗力（自然因素）和技术因素来考虑，更加直观、更加贴近建设项目管控目标。

因风险管理覆盖建设工程项目运维全生命周期，其本身所覆盖的内容较多，规模较小、业务单一的建设工程项目运维可以将全生命周期全目标的风险管控列表，利于分析各阶段、各风险因素的相互影响性、关联性，有利于提高风险管理效果。但对于大型综合群体建筑来说，需要考虑分解管理，但应注意：

①以建设工程项目运维的阶段来划分风险管控界面，要重点考虑风险因素发生时的纵向影响幅度。也就是说，在本阶段的新增风险因素必须考虑风险影响是否辐射到下一阶段。本阶段非新增风险因素，首先必须关注该风险在上阶段的影响和风险对策实施情况，判断是否需要进行风险再评估和风险对策调整。其次，同样要考虑风险因素在下一阶段的影响力度。这样才能形成一个完整的风险管理链条。

②以建设工程项目运维的管控目标来划分风险控制界面，则应该考虑风险发生时的横向影响幅度。结合以上纵向影响分析，横向影响幅度就是风险在各种因素之间的相互影响。各种状态下进行风险对策分析时必须同时兼顾两方面的风险影响，权衡轻重，先确定风险管理的主线在拟定分析应对的措施，同时在实施中必须动态监管，及时评估风险影响偏差纠正，调整风险应对措施。

8.4.5　基于螺旋模型的风险管理

风险管理的源头实质是对战略规划的管理，从而徐徐渐进地实现对过程的管理，继而确保评价结果的准确性，最终服务整个项目。在建筑项目全生命周期中，可通过应用螺旋模型建立项目风险评价理论框架和应用模糊影响图模型建立风险评估体系，从而实现基于 BIM 的风险管理。

螺旋模型是用于软件开发中风险评估的模型，它是在巴利·玻姆（Barry Boehm）提出的对于软件整体开发过程中所有风险的管控。螺旋模型（Spiral Model）是采用一种周期性的方法来进行系统开发的，它的每一个周期都包括制定计划、风险分析、实施工程和客户评估 4

个阶段，由这 4 个阶段进行若干次迭代，其中每一次迭代都代表软件开发又进入一个新的阶段。螺旋模型是一种以风险管理为导向的生存模型，它在每个阶段都必须进行风险细化及识别、风险评估和风险控制及应对，只有在这个阶段的风险已经规避或降低到最小时才能进入下个阶段。正因为这样，螺旋模型可以使项目决策人提前洞察风险，全面地掌握部署性风险，达到软件科研全过程中风险的全面管控。该模型示意图如图 8-6 所示。

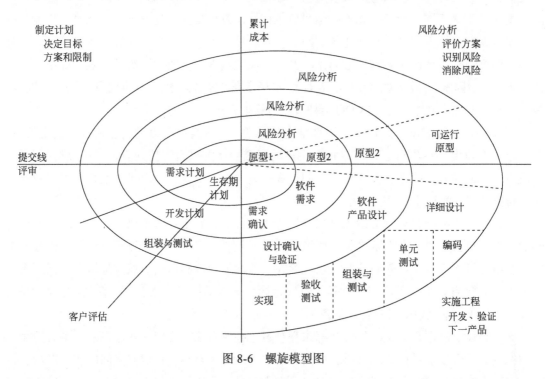

图 8-6　螺旋模型图

应用螺旋模型进行风险管控往往比较复杂且成本高，它虽不适于对小型软件项目进行风险评估，但在高度复杂的建筑项目中应用却是效用极大的。而基于 BIM 的建筑项目正是一个涉及设计阶段、施工阶段和运维阶段的复杂项目，合理并有效地应用螺旋模型，进行基于 BIM 项目管理的风险管控将大大地降低因设计、施工等运维前期的各个阶段所遗留下的风险对后期运维阶段造成的成本，同时最大化地降低运维阶段中各个复杂工作所带来的风险。

根据前文总结出的基于 BIM 项目的实施风险，应用螺旋模型思想需要在每个阶段初期都进行风险的识别、评价和应对，建立风险理论框架，如图 8-7 所示。

每次螺旋迭代的四个象限分别为：制定阶段目标及计划、风险评价、阶段实施和阶段成果验收，具体如下：

（1）制定阶段目标及计划　基于 BIM 的项目管理是一个复杂且系统的工作，只有明确各个阶段的目标并列出详实的实施计划才能保证项目的健康发展。由于实施阶段划分的工作性质跨度较大，其中设计、施工、数据处理和运维阶段的时间节点及工作流程并不相同，那么根据各阶段性质制定积极可行的实施计划变得必不可少。另外，在基于 BIM 的项目管理实施过程中，人力、物力等资源可能会不到位，各种突发事件难免会发生。所以，在每个实施阶段，还需要对实施目标进行修正，对实施计划进行滚动，以指导后续的工作。

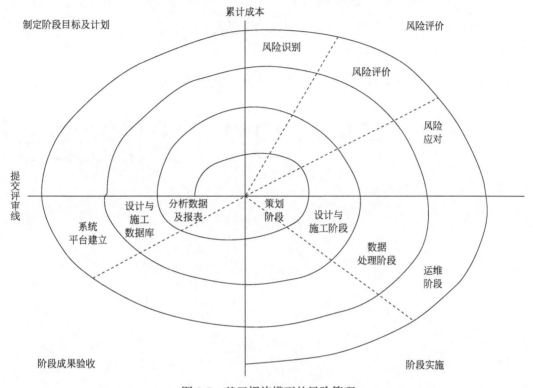

图 8-7 基于螺旋模型的风险管理

（2）风险评价 在明确该阶段性的主要因素和部署后，开始对各个阶段内已经识别出来的风险进行评估，以风险评估为基础确定哪些风险因子会对过程产生较复杂的结果。若评估过程顺利，可部署此过程；倘若评估结果不理想，将要分析那些造成严重后果的风险因子再应用对应方法，直至避免或降低此风险到最低，才部署此阶段。

（3）阶段实施 在每个阶段里根据已有完善的部署模式开始任务。

（4）阶段成果验收 在每个实施阶段截止时，必须对实施后的成果进行验证，并作以总结。只有通过评审达标后，才能开始进行下一个阶段。依据螺旋模型的思想，风险评价和控制贯穿于基于 BIM 商业地产项目管理的各个阶段，并且依照实施的阶段划分不断地进行动态评价。每个部署段落都严格采用"制定目标及计划→风险评价→阶段实施→实施成果验收"的一次完整的螺旋，最终成为一个由小环组成的大环，同时又相互依托、相互促进的有机整体。

第 9 章

FM-BIM 实施指引

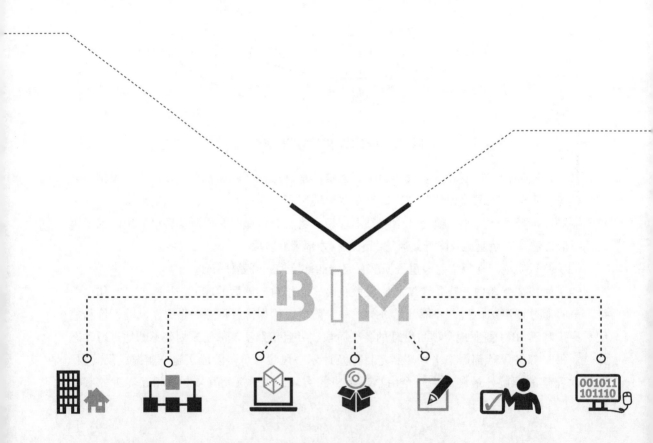

业主与设施管理（FM）人员，在利用建筑信息建模（BIM）来实现建筑（新建与改建或翻新）生命周期各种需求之前，有必要先了解把 BIM 连接到 FM 的目的。这需要细心规划，内容包括：如何用 BIM 来建模以及获捉几何形状与数据；同时要了解在设计、施工与验收各个阶段数据是如何被收集以及由谁来收集；使用什么样的命名标准；将如何组织数据使得它们能够连接（或汇入）到用于建筑的 FM 系统中；FM 人员应如何参与这个过程才能获得最大的功效。这些都得投入极大的努力，包括规划、监控、教育以及后续追踪。

本章将介绍业主的 FM 与 BIM 指引来涵盖上述的问题，说明这些问题是如何得以解决的。这些指引是经过筛选的，因为它们代表不同业主类型的交集（如政府、个人），并涵盖许多不同类型的建筑（如办公室、实验室、医院与学术设施）。尽管存在着这些差异，它们仍有相当多的共同点，并且都是集中在由 BIM 模型中的数据来创造对业主有价值的信息，重点都是放在 BIM 的信息组件，以及如何把这些数据与建筑管理系统整合在一起，其中包括计算机维护管理系统、计算机辅助设施管理、能源管理系统以及地理信息系统，如图 9-1 所示。

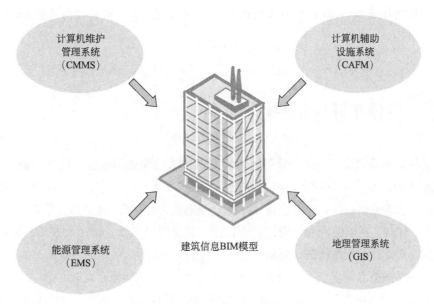

图 9-1 FM 与 BIM 数据系统整合

美国联邦总务管理局（GSA）提出了把 BIM 连接到 FM 较为详尽的方法。这些指引是最早用在实际工程上的指引，在合约要求中指定如何去使用 BIM，如何去收集与传递 FM 的数据，如何把数据与 FM 系统整合在一起，包括施工运营建筑信息交换"COBie"的使用，当建筑发生修改时如何去更新竣工 BIM 模型等。本章中也提出了一些案例研究成果让大家了解工程团队所遭遇的困难以及他们是如何处理这些困难的。这些经验清楚地显示工程团队与 FM 人员都在奋力实现 BIM 与 FM 的整合。

9.1 FM-BIM 整合目标

9.1.1 传统运维数据传递方式

传统建筑数据传递给运维管理机构的方式，是由工程团队的成员（主要是总承包商与分包商）把纸质的文件（图、设备数据、保存文件等）以数据送审的方式交给业主，通常是在工程交付后很长的一段时间才交到业主的手中。这些送审的数据通常是将各种类型设备的各种类型的文件，均都并在一个档案中。例如"照明装置"文件，可能有 400 页，但没有按照任何特定的方式排列。FM 人员如果用 CMMS 来管理维护系统，需将这些数据输入到系统中，这将是一个既耗时又容易出错的工作。这种方法会降低维护程序的效率，并增加建筑运营的成本，它会导致被动而非主动的设施维护。基于所有这些理由，必须要有一个较好的方法来充分利用这些为 BIM 模型发展的数据，同时透过 FM 所需额外的数据来加强整合工作。

9.1.2 BIM 模型层级划分

美国联邦总务管理局（GSA）希望通过精简的方式，来说明在整个设施生命周期从计划到运维阶段用 BIM 来支持 BIM 与 FM 的整合，如图 9-2 所示。其中，一个中央设施储存库将是管理设施信息的关键组件。中央设施储存库是用来整合与存放 3D 对象参数数据，机械、电气、给排水（MEP）系统的配置，资产管理数据，设施管理数据，建材与规格，2D 数据，激光扫描数据以及实时传感器数据与控制的。

透过中央设施储存库，所有工程类型的建筑的 BIM 都能够得到管理与维护。此外，运营与维护（O&M）的人员将能够检视 BIM 的内容，应用软件工具，通过中央设施储存库来提供安全、搜索、查看、版本控制、更新通知、分析与报告的功能。

由于各种建筑项目类型不同，各种业主需求也不同。GSA 为更广泛地满足各种项目需求，将 BIM 模型分为三个层级要求：

（1）层级一 层级一适用于所有的建筑，包括新建与翻新的建筑。这是强制性的，因为一个精确的 3D 几何模型带给许多下游用户非常多的好处。其中包括：能够计算空间精确的面积，在签订设施维护合约时所应提供的楼板覆盖物类型，以及能够辨识隐藏在墙壁内或天花板上的建筑系统与设备的位置而无需打开那些墙壁或天花板。

BIM 模型必须包含下列对象，这些对象必须是作为支持设施管理所需的有效 3D 几何表示，如表 9-1。并应同时提供这些对象原有的 BIM 编辑格式以及开放标准格式，如工业基础类别（IFC）与 COBie。

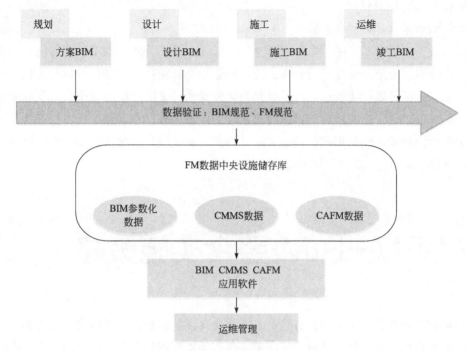

图 9-2　BIM 与 FM 数据整合系统

表 9-1　层级一 BIM 模型要求

层级一所需对象	所有 BIM 模型基础构件（空间、墙壁、门、窗、楼板、柱、梁）
	天花板
	照明系统、灯具与设备
	通信系统与设备
	电气系统与设备
	机械系统与设备
	给排水系统与设备
	（植栽）灌溉系统与设备
	消防系统与设备
	垂直与水平运输设备
	家具与规格
	特殊系统与设备

（2）层级二　层级二适用于较大、较复杂的建筑。建立设备财产目录或设施设备列表是许多设施管理活动的基础。设备财产目录是用于设备状况评估、能源管理、紧急应变、劳动力计算等。设备财产目录缺失或产生错误将导致操作与维护上额外的时间、人力与成本。未能适当地追踪设备的财产目录将降低工程范畴与成本估算的可靠性，同时会妨碍紧急应变，并降低作出执行决定的能力。

通过 FM 数据中央设施储存库来提供制造商、型号、序列号、保固信息以及维护说明书等设备信息和 BIM 与 FM 系统间的联系（包括建筑自动化系统 BAS、能源管理系统 EMS、计算机维护管理系统 CMMS 等等）。工程团队将配合公共建筑服务（PBS）的服务中心一起定义 BIM 执行计划所需设备类型的清单。

（3）层级三　层级三是用来作为选择性的需求。达到该层级需要 BIM 能够捕获能源分析的数据，将数据与设施自动化系统整合，因而能够做到以模型为基础的分析与优化。理想的情况下，能源分析可以让建筑运营者了解到为何以及何时实际的性能表现会与预测的性能表现不同。如此可以得到经验教训与排除故障之间的回馈循环。在运维过程中，这些分析让管理者了解怎样操作才能获得最佳的性能表现。因此，有关项目运维实际操作中的回馈，将成为在设计过程中建立更加逼真与精确能源预测的关键。

9.2　FM-BIM 整合实施策略

FM 与 BIM 整合的实施策略内容包括：需要什么样的信息，将如何使用这些的信息，以及由谁何时来收集这些信息。针对于不同项目实施需要不同的方案，如果是一个现有的设施要做小幅度的翻新，那么去建一个 BIM 的模型可能并不实际。在这种情况下，更适合建一个可用于 CMMS 的设备库。

（1）数据标准化　根据项目特点及需求，统一规定协同工作中使用的软件版本及模型、数据资源保存版本，以保证数据的整理、调用的准确性，及避免数据交换中不必要的信息丢失。

制定信息数据入库及更新的审核方法，对于任何 BIM 模型及文件数据的入库操作，都应进行仔细的审核。建立数据备份计划，设定定期及阶段性节点对数据进行备份储存，以便在遇到异常情况时，能及时恢复数据。

（2）建立 BIM 执行计划　在工程启动时，需要建立一个 BIM 执行计划。它将提供信息与数据管理的总体规划，并分配模型建立与数据整合的人员与职责。执行计划包括建模层级、属性和数据格式的要求（COBie、IFC 等）、目前设施实施 BIM 的程度以及与工程相关的条件与工作流程，以确保管理人员能收到所需要的 FM 信息。企业建立 BIM 执行计划后，可以不断完善扩充，以适应多种工程项目的需求。

BIM 执行计划包括以下内容：

①BIM 执行计划概述；

②工程信息；

③工程目标；

④BIM 的使用；

⑤组织机构建立及人员职责。

9.3 BIM 流程设计

9.3.1 BIM 模型建立

在新建工程中，设计单位负责建筑形体、空间规划、建筑系统的确定，以及主要设备的位置与规格。建筑系统的细部设计，如建筑物的设备系统以及其他附属设施，是由业主与供应商提供。

在施工阶段 BIM 应用的最佳方法，是由设计师、施工经理或第三方来建立基本建筑的 BIM，接着由设备供应商建立设备的 BIM 模型，然后把它们进行模型整合。借由整合模型解决建筑系统上的问题，施工团队可以减少现场施工的问题来提高预算与进度的符合度。BIM 模型需要在整个施工过程中不断地更新，以便更加有效地辅助施工作业。整合后的 BIM 模型代表了建筑项目一个非常直接、完整、精确、有用的物理描述，用来支持各种设施管理活动。业主必须在施工到运维阶段的工程交付物中，提供一个新型的工程 BIM 模型与 COBie 交付。

9.3.2 标准化数据

在 BIM 执行计划中需要定义一些工程关键节点进行 BIM 模型质量控制，并加入到业主的质量服务计划及施工质量控制计划中。在整个工程生命周期都要有质量控制的检查。GSA 提出了一些方法，以期在整个工程交付与运维过程中，适度地强制执行合约 BIM 的要求，其中包括标准与指引的强制执行，如属性、命名规则，并确保虚拟建筑在指定的工程检查点能保持与施工建筑一致。GSA 还正在发展一个虚拟设计与施工的评分标准，来衡量使用 BIM 的质量和是否符合工程的规定。这些评分将在工程各个节点作为 BIM 的使用评估。

早期从试点工程中学到的经验教训是：什么样的数据是需要标准化的，这样的数据该怎么命名，例如资产识别号码；这样的数据所允许使用的术语，例如设备标识符包含标准设备英文首字母的缩写再加上一个序列号。CMMS 与 BIM 的整合需要两个系统中的数据更加标准化与结构化。目前，GSA 正在与许多地区的团队合作，来发展与实施一个完整的 CMMS 数据系统。然而，在没有标准化数据前是无法建立标准化系统的。所以，规范精确的数据库对 CMMS 来说是非常重要的，在加载数据到 CMMS 前，必须先验证数据库的标准化及完善程度。

规范属性信息交换（SPie）是国际建筑科学学会（NIBS）与 building SMART 联盟的一个计划，来建立一个开放的架构让制造商把他们的产品数据导出成一个可以让业主、设计方、施工方、运营方使用的格式。此举措的目的是把规范变成对象的属性集，然后应用至适当的 BIM 对象。它的重点是产品在规范、寻找、选择与验证所需要的属性，而不只是单纯的规范。

9.4 BIM 模型交付

设计与施工 BIM 是在整个工程生命周期产生的，最后进行 BIM 交付的是最后施工完成的工程信息 BIM 模型，需符合 BIM 建模的要求，并存盘作为工程记录的一部分。而竣工 BIM 模型是一份可以用来编辑的工程交付 BIM 模型，是由设施管理单位来维护，应用于建筑与系统配置更新中。

设施管理作业所需设备属性，如制造商、体积、型号等，应以 COBie 目前版本的格式送交。要注意的是，这些信息将会被不同的工程团队成员在设计与施工阶段不同的时间点输入。工程团队应该定义如何让 COBie 的要求能够满足该工程的 BIM 执行计划。

（1）高标准的建模要求　工程团队必须使用符合 IFC 格式标准的 BIM 软件程序来满足 BIM 规范的要求。BIM 实施所需要的软件程序，至少应该能够建立符合协调的视图、空间计划来验证视图的 IFC 与 COBie 格式数据。

BIM 编辑应用程序不同于传统的 CAD 应用程序，其能让工程团队提供对象智能的建筑元素。CAD 应用程序主要是集中在生产印刷出来的图纸，被称为 2DCAD 应用程序，通常并不适合 BIM 的设计流程，也不符合 BIM 对设计的要求。工程团队应与业主进行协商，来确定某个软件应用程序是否能够满足 BIM 的规范要求。

各种 BIM 应用软件在管理复杂几何形状组件与空间的能力各不相同。在某些情况下，从 BIM 应用软件导出的 IFC 格式数据可能无法输出如此复杂的形状或捕捉到所有对象的属性。这可能成为一个在支持 IFC 标准时一些应用层级上的限制。BIM 的建模人员应该与 BIM 应用软件的供货商合作，以了解在 IFC 导出数据时是否存在任何此类的限制，而这些可能会产生的各种限制应该在 BIM 执行计划中说明。

（2）构件编码　BIM 的一个主要特点是其提供了一个建筑物可以进行参数化描述。一个 BIM 的生命周期的演变，需要在整个设施生命周期中去追踪它的改变，追踪是由谁在何时改变了它，且必须是在元素或构件的级别去追踪这些改变，而不是在档案的级别。因此，BIM 中的每个对象都需要有一个唯一的身份，可以在改变发生时被追踪到。在软件环境中，这个唯一的识别方式被发展成全局唯一标识符（GUID），所有元素构件 GUID 是一个完全唯一的编码。

在某些工程中，某些 BIM 的分析应用程序会重新建立模型，并分配所有新的 GUID 到 BIM 的对象。因此，为了确保能够管理每个 BIM 对象的唯一识别码，每个设备对象除了

GUID 外都应具有资产标志码。这将使特定的对象在整个建筑模型生命周期内，能被唯一地识别出来。

9.5 设计、施工、运维 BIM

在整个工程建造过程中，会建立和修改各种类型的 BIM 模型。工程团队将从设计意图的 BIM 开始，接着是多个施工的 BIM，最后建立一个交付的 BIM 模型。通常，施工模型是把那些设计团队所做的模型去稍作修改。在存在钢结构的情况下，可能会是一个组装的模型。机电 / 消防模型通常是厂商使用非常专业并且与成本估算、库存、造价系统接口在一起的专业软件所制作的。由于 BIM 的模型是为工程而建，工程团队按照 BIM 执行计划在特定工程节点检查，来证实这个虚拟的建筑是否一直都能与建造的建筑吻合。

（1）BIM 模型构件要求

①构件。在工程交付设施管理的 BIM 模型要求，最低要达到表 9-1 中 BIM 模型层级一的要求。

②构件属性。与每个所需的 BIM 构件相关联的最小单元属性的要求为：设备的 GUID；设备资产识别码；构件空间位置关键词。

（2）BIM 模型的组合

大型的 BIM 模型应该以楼层与建筑系统加以区分。结构模型楼层的内容应该包含该楼层的楼板以及往上一直到其上一层之间的构件；对于 MEP 模型，为了能清楚观看每一楼层的 MEP 系统，该楼层以上的楼板不应该被包含在内。如果建筑物的楼盘面积较大，建议增加额外的分区，由多个子模型来组装成复合模型。模型的拆分应由工程团队来决定，并在 BIM 执行计划中说明。

（3）BIM 模型交付要求 在 BIM 模型交付于设施管理单位前，必须完成以下的检查：

①确认所有施工的 BIM 模型（建筑、结构、装修等）都反映了竣工的状况，包括建筑的补充说明、变更通知以及现场改变情况，并包含规范规定最低要求的属性数据。

②针对每一个专业或系统建立一个记录 BIM 模型备份，以作为原始数据参考。

③对于 MEP 的 BIM 模型，需确认主要构件编码都对应到设备财产目录中的主要关键词。

④为每个 BIM 交付模型建立一个工业基础类别 IFC 格式版本。

⑤用工业基础类别 IFC 的格式文件建立一个 BIM 交付的复合模型。

（4）维护与更新竣工 BIM 模型 竣工 BIM 模型提交主要有两个目的：记录建造完成的建筑与组件，可用于未来的工程与设施管理的作业；作为工程记录归档。竣工 BIM 是由设施管理单位来维护，用来捕捉整个设施生命周期建筑物与组件的更新。

在大多数的情况下，如果设施中非几何数据保存在一个参数化模型之外的外部数据库的话，将比较容易存取与更新。对于每个有用的对象，需要一个共同的唯一标识符，用于在 BIM 编辑应用程序的模型中和外部的数据库间以维持它们的关联性。业主可以根据他们自己的需要，把额外的属性包含在 BIM 编辑应用程序的模型中，如增加墙、窗、门的明细表，并抽取它们的数量来做成本估算。

9.6 COBie 标准

COBie 是一个把设计与施工信息移交到设施管理的开放标准方法。COBie 提供一个用在捕捉工程数据的开放格式标准，特别是在设计、施工、验收阶段中所产生的设备数据。使用 COBie 能够减少信息交换的遗失，以及在工程结束时实质工程信息移交的相关费用。使用 COBie 可以增加许多节省时间接收相关信息的机会。国家建筑科学学会（NIBS）主办的"COBie 挑战赛"已经证明 COBie 的数据可以汇入到设施管理系统，如 CMMS 更新与追踪设施的资产数据。

并非所有的属性信息都得放在 BIM 里，但是需要的信息应该用遵守 COBie 规则的档案来传输。所需要的 COBie 空间、区域、设备的数据必须连接到 BIM 模型的对象中。应该在 COBie 与 BIM 模型中指定一个共同的主要关键词来把 BIM 的对象连接到它们相关的属性。工程团队应该在他们的 BIM 执行计划中说明他们是如何遵守 COBie 的要求。遵守 COBie 的 Excel 档案包含 16 个分开的电子表格或工作表，来记录设施生命周期不同阶段的工程数据。

按照现行的 COBie 标准，在工程项目交付时应包含工程空间、区域、建筑系统、设备的改变。

COBie 交付应包含所有 GSA 工程团队要求的 BIM 构件属性数据，如在 BIM 执行计划中所列出的数据。BIM 与 COBie 交付内容应包含相同设备的主要关键词、设备识别码，以及每个 BIM 设备对象所属空间的主要关键词。透过设备主要关键词与设备识别码，把 COBie 交付中的设备属性数据连接到 BIM 的设备对象中。另外，电子版本的产品信息与详图均须连接到 BIM 模型中。可以采用以下 4 种方式来建立与更新 COBie 交付：

①用人工方式在 COBie 电子表格中输入数据；

②把 BIM 的属性数据抽取到一个符合 COBie 格式的档案；

③直接使用遵守 COBie 规则的软件；

④导出具有正确结构属性集的 IFC 档案。

所选择建立与更新 COBie 交付的方法应在 BIM 执行计划中确定。在决定使用哪一种方法时，工程团队应考虑这些不同传送 COBie 数据方法的能力与资源需求。

COBie 交付中标准化的术语是必要的，这方面潜在问题较多，运维工程团队应咨询他们所属地域有关 COBie 的样板与规范。

9.7 技术需求

9.7.1 设施管理中央存储库

设施管理能够有效使用 BIM 的关键是建立一个设施数据的集中储存库。实际上，这些数据可以储存在多个互相连接的储存库，但数据仍然必须作为提供给所有相关使用者的一个集中式的资源。

9.7.2 硬件基础要求

若使用者想要存取与维护一个中央储存库的设施信息，软件工具与通信连接必须是反应灵敏的。必要的硬件基础设施包括：足够的高速数据储存；足够的服务器容量；足够的桌面计算机处理能力；足够数量的软件使用许可；足够的网络带宽；反应灵敏的软件使用许可服务器。

9.7.3 功能性要求

从工程建设到更新与维护设施信息的整个生命周期，会有如下技术要求：
①在工程执行期间，设计与施工团队要有协调发展设施模型的能力。
②当工程收尾时，必须交付并上传设施信息到中央设施资源库。
③在运维阶段，需要有工具来更新竣工的 BIM 模型，并且把这些更新与 CMMS 作业及设备财产目录数据库进行同步。

9.7.4 数据更新管理

当今，大多数 BIM 的数据，特别是几何信息，最好是在整组构件确定与锁定的状况下来管理。在许多设施环境中管理竣工 BIM 的更新中，常会碰到多个、重复的重大翻新，以及同时进行的维护活动，这些在设施管理阶段是很具有挑战性的。因工程状况而出现的额外困难有：
①什么时候才应该用工程数据去替换官方现有状况的信息；

②如何把一个建筑特定区域的工程模型插入到整个模型中，如何完成这样的更新而同时能精确管理所需 COBie 构件的主要关键词，使得这些主要关键词能够做到：

a. 未变项目的主要关键词保持不变。

b. 工程中移除项目的主要关键词也从其他系统（如 CMMS）中移除。

c. 找出新增项目的主要关键词，并把它们传送到其他系统。

其建议如下：

①工程的作业不应该被纳入整体设施或 CMMS 的竣工 BIM，必须要等到施工完成并且该工程的竣工 BIM 已经被核对与接受。

②业主应该提供一份报告，根据工程的结果说明 COBie 对象的主要关键词，哪些应该保留，哪些可以删除。

③应确保在竣工 BIM 中未变对象的主要关键词不受到改变。这将是一个比较难做到的要求，但是根据业主的报告将有可能验证这些主要关键词是否受到改变。

④工程竣工 BIM 不能直接用到整体设施竣工 BIM 行为，除非是大规模的翻新工程，整个竣工 BIM 的档案可以完全被抽换掉。在其他的情况下，一个有经验与有概念的 BIM 使用者，需要对建筑物的现状做一些微调，这也是目前 FM 使用 CAD 的情形。

9.7.5　FM 信息管理平台

现在许多机构在开发一种 FM 与 BIM 结合的 FM 信息管理平台（图 9-3），以整合实现各种功能，包括：

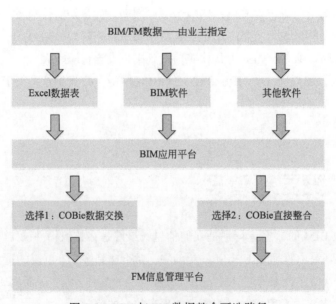

图 9-3　BIM 与 FM 数据整合可选路径

①用 IFC 格式来管理模型。

②用多种格式来管理相关联的档案。

③用 ifcxml 格式来管理相关联的对象属性。

④指定对象的 GUID 作为一个明确的属性。

⑤对所有管理的格式提供查看器。

⑥容许模型的构件能与特定工程相关联。

⑦工程的属性能含有开始与结束的日期范围。

⑧支持查询的功能，诸如：

a. 找出最近几年，影响建筑物某个部分的所有工程。

b. 找出在建筑使用期间，预定要影响建筑物某个部分的任何工程。

c. 找出目前在建筑物某个部分，正在进行的任何维修工程。

d. 找出自从建筑完工后，HVAC 系统的某个分支系统所有做过的更改。

⑨容许与工程相关联的模型元素被复制到一个运行中的模型中。

⑩能够通知其他用户谁拥有任何相同模型元素的拷贝。

⑪能够使用 web 服务，允许模型以组件"一件跟着一件"的方式进行实时的更新。

⑫具有透过登入工程模型更新主模型的能力，如能够透过验证符合性检查登入的数据。

⑬能够比较导入的模型与目前版本的模型，并找出导入模型的改变。

⑭几何形体的变更。

⑮变更属性，包括主要关键词的变更。

⑯能够用新版本替换每一个改变过的组件。

⑰能够保持每个组件在每个版本的审核线索。

⑱能够显示每个被录入模型的状态，它们至少要有：待处理、使用中、已归档。

⑲能够通知其他使用者谁拥有任何改变过的组件或属性的拷贝。

⑳具有根据其他系统传入的数据，执行模型与组件属性实时和批次更新的能力。

㉑提供整合的工具来自动化更新。

㉒可以纳入许多工具做直接模型的更新。

㉓具有执行坐标转换（平移与旋转）的能力，使得一个工程的局部坐标系统可以精确地定位到一个建筑物、校园、城市等。

第 10 章

如何使用 COBie

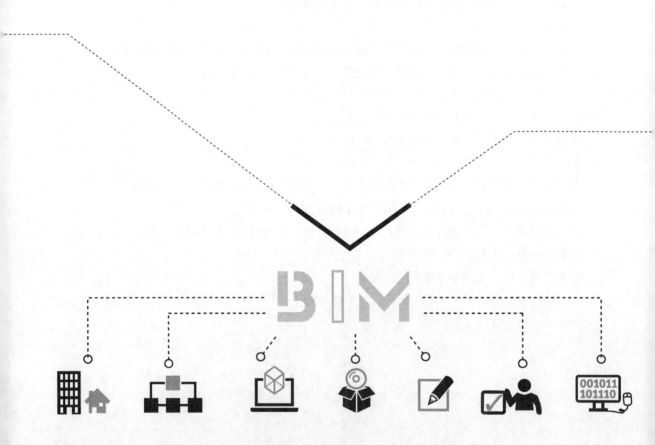

COBie 是一个传送托管资产信息的国际标准。COBie 的 英文全称是 Construction Operations Building information exchange（施工运维建筑信息交换）。现在，COBie 可以被 20 多个商业软件系统建立并进行交换。如果想对团队作业更有帮助的话，COBie 也可以用简单的电子表格来建立与交换。

10.1 COBie 作用

10.1.1 为什么使用 COBie

许多与设施设计、建造以及操作相关的宝贵数据，随着设施生命周期不断地遗失。在许多方面能感受到这些设计与施工信息丢失的影响，恰巧就是设施经理行使业务的一部分。如果设计、施工与设施信息都可以成为设施经理加以利用的共享信息，这些问题可很容易解决。

设施经理通常负责运营与维护，以及租户的管理。尽管许多设施管理（FM）机构投入大量金钱与人力资源采购复杂的系统来管理维护、运营，至今这些系统仍不能有效地使用。这是因为所采用的技术已经显示，把数据从设计与施工加载到维护管理系统需投入巨大的精力。在最近的一场演讲中提到，一个中等规模的医疗机构，得花 6 名技术员连续 5 个月赶工与周末加班来加载设备制造商与型号的信息到维护管理系统。显然大多数设施经理并不具有能支付这样赶工与周末加班的资源。笔者曾亲自访问过一些雇佣一个或多个专职数据登录员输入这样信息的设施，一个维护管理系统软件公司最近的报导提到某间有五栋行政建筑的小型学校，使用预防性维护与服务订单所节省的成本，每年可达到 25 万美元。

虽然本章将讨论制定新的国家标准，特别是在规划、设计、施工过程中能够提升托管建筑资产交付的效率，但对于设施管理真正的问题是：在此之前为什么没有人已经解决了这个问题。在说明完 COBie 的格式后，将再回到这个问题来讨论实施的核对清单。

10.1.2 COBie 的设计

建筑设计时，建筑师需要了解在建筑中将发生什么样的活动，结构工程师需要知道这些活动将产生什么类型的荷载，机械工程师需要知道温度与湿度必须控制在什么范围来支持这些活动。从某种程度来看，制定信息交换标准与设计建筑没什么不同。需先找出需求，根据这些需求设计出解决的方案，经过设计发展与测试的过程。最后，该建筑物是给那些设计它的人来使用。COBie 的发展也是遵循了这个模式，以确保当人们在使用 COBie 时，它会提供他们维护、操作与管理设施所需的信息。

COBie 应该包含哪些内容以及哪些应该被排除在外是相当复杂的，因为在决定实际交付所需信息时会有许多技术、合约与流程的限制，因此反而要正视这些限制。COBie 的设计是直接针对范畴、技术、合约与流程的可行性来考虑的，用来达成目前 COBie 标准范畴的准则，反映了目前各方在合约上的要求。它们加强了工程移交信息的传递，包含在这个数据集中的是一个从"设计明细表"所产生的资产托管清单，接着由施工承包商更新，最后在验收过程中敲定。产品数据表由产品制造商提供，系统构造图由分包的制造商提供。由于工程移交信息的来源不尽相同，开发出三个计划来反映信息建立方式与合约指定方式的不同。

COBie 的第一个计划，专注于复制当前资产托管清单以及由承包商与验收代理商开发的相关信息。第二个计划，着重于取得这些资产制造商的产品数据，它被称为规范化属性信息交换（SPie）。第三个计划，专注在组件间连接的定义以建立系统导向的信息。它的原名是设备配置信息交换（ELie），现在已被分成四个独立的计划：供暖、通风、空调（HVAC）系统；电气系统；配水系统；建筑自动化系统。

10.1.2.1 资产托管库存

在工程移交时，设施经理的基本责任是确保设施的固定资产能够提供设施中各个空间所需的服务，管理那些需要管理、维护、使用耗材、定期检查等的资产。这些资产分为两类，第一类通常是通过计算机辅助设施管理系统（CAFM）所管理的资产（即空间）；第二类是与建筑安装有关的设备与产品的资产，如空调（HVAC）、电气、给排水等，通常是通过计算机维护管理系统（CMMS）来管理。关于结构与建筑组件的信息，在某种程度上，也可以包含在 COBie 中。

为了方便管理设施资产，并不需要得知每一个设备的绝对位置。只要设备能被确定在某一个特定的空间，那么技术员就能够执行该设备所需的维护与修理工作。因此，COBie 要求所有产品与设备都能被确定在某个特定的空间中。此外，若设备是隐藏在墙壁内、楼板下、天花板上等一些室内看不到的地方，也可以包含在 COBie 中。

了解一个特定设备的性能对设施经理来说是很重要的，如果有这些信息可以明显减少维修或更换设备的时间。由于计划终将允许制造商在设计与施工过程中，因而 COBie 指南对于管理资产所需的属性仅提出最起码的声明。

当机构有多个设施，在取得 COBie 数据时，资产的组织也很重要。从机构的角度去评估维修与更换的决定，可以提高整个设施财产目录的可靠性。通过整体资产与整个机构合并在一起的方式，可以改善人员的配置与管理的决策。为了能传送多个设施的信息，设施经理必须能够辨识这些资产，并且要求这些资产有一致的分类。

在 COBie 中也要有空间与设备的分类，使得设施经理能更有效地把住户分配到能够满足他们特定需求的空间，能够调整闲置空间的使用率。设施经理也将能够更迅速对租户任务做出改变，并对紧急作业作出响应。

10.1.2.2 操作与维护要求

目前工程移交规范要求制造商送交有关设备的预防性维护计划、启动、关机以及紧急操作程序的信息。验收代理商或分包商也需提供有关整个建筑系统作业信息的文件。这些信息是非常重要的，因为不遵循这些步骤造成建筑系统的故障将会影响到建筑的住户。例如，不按照 HVAC 系统正确关机的程序，在还没有关掉风扇前就先关闭阻风挡板，可能会引起强烈的空气负压把风管冲坏。不按照标准的设定减少空调室外新鲜空气与室内循环空气的比例，会导致医疗设施感染率的增加。

在工程移交时，所有以任务为基础需要被记录的作业，COBie 把它们用一个叫作 job 的共同格式组织起来。每个 job 被指定成它的工作类型，如预防性维护、启动程序、紧急作业程序等。在很多情况下，需要用到专门的工具、训练或材料来完成工作，这些资源也被包括在内。除了为特定 job 正确地分配受过训练与配有装备的技术人员，设施经理也可以根据这些信息来编写每年人员训练与采购设备的预算。其他包含在 COBie 的运维信息包括：保修条款、各类文件、担保人数据以及备件与耗材的信息。

10.1.3 COBie 实施技术限制

10.1.3.1 技术限制

任何标准发展的一个重要因素是，确保使用它的人能够拥有让他们制作、审查与使用这些信息的技术。由于个人计算机的兴起，设计与建造工作使用的软件与媒体已经迅速地在改变。这种技术的变化，从许多方面来看，在提高技术效率的同时，也直接造成许多宝贵工程信息的遗失。

在 COBie 发展过程中有关技术方面的选择是最重要的决定，是因为专有标准或是那些需要特定媒体格式或软件的系统，它们的使用寿命将不会超过某个设施的预期寿命。因此，选择一个开放的国际标准数据交换格式作为 COBie 数据基本的格式将是十分重要的。使用开放标准，允许设施经理在整个工程生命周期获得、拥有、取用以及更新项目的信息。软件的选取是根据该软件是否能使用开放标准的数据来支持设施管理作业，而不是根据技术性作用来决定。

在决定使用开放标准后，便对整套管理设施资产信息的表示标准进行审查。唯一能够满足 COBie 要求的格式是工业基础类别（IFC）模型。所有 building SMART 联盟的工程的基本格式都是使用一个工业基础类别 IFC 模型的建筑信息 ISO 标准。 IFC 模型的信息通常是透过一个所谓步骤复杂的计算机对计算机信息交换格式来交换。COBie 正式的规范被称为"设施管理移交模型视图定义"。

虽然 COBie 正式的规范是期盼设施信息计算机对计算机的传递能有更好的效能，但这一天尚未到来。因此 COBie 的开发是为了让那些没有计算机编程技巧、使用最简易软件的人可以很容易地使用这样的数据。因此，本章将重点介绍选择电子表格作为 COBie 信息的格式。为确保符合基本的国际标准格式，可以采用一组转换规则，让软件开发人员能在 IFC 为基础的格式与电子表格的格式之间进行转换。

10.1.3.2　合约限制

历史经验显示很少有工程业主愿意在规划与设计时间期间花更多的钱，即使是能得到一个更高效运作的建筑。从设计师与承包商产生电子设计与施工信息中去要求一些额外的费用将是站不住脚的。因此，COBie 是专门设计成仅包含现有典型设计与施工合约中所要求传递的信息。

一般人很容易会认为一旦设备列表以电子形式提供，就应当能提供该产品所有的属性。但是这没有考虑到实际的情况，承包商只是取得产品信息的数据，但数据里面并没有包含数据的格式。如果所有制造商不能直接提供产品与 COBie 兼容格式的数据，承包商将不得不用人工去输入这些产品的属性。虽然目前并不要求重新输入制造商的产品数据，但如果把这些属性包含在 COBie 交付规范中，将产生显著的额外成本。因此，产品属性的数据必然被排除在基本 COBie 规范之外。

然而，在某些方面还是有可能会要求某些产品的数据。因为 COBie 会记录一些有关托管资产的信息，而这些托管的资产通常会出现在设计图的产品明细表中。假定规则是只要COBie 信息能够符合设计图中找到的信息，那么从承包成本的角度米看，要求这样的质量算是可以接受的。

10.1.3.3　流程限制

COBie 的流程是基于一个简单的假设，那就是 COBie 数据应该是由传统与合约要求建立信息的那一方来提供。COBie 流程唯一真正有别于传统流程是在于交付的是一个或多个数据档案而不是纸张的数据。例如，建筑师在设计中指定了许多空间与设备，COBie 格式空间与设备的明细表应该直接从设计软件中导出到 COBie。产品数据单与其他档案形式的信息，在电子送审过程中捕获，可以省去承包商再去扫描这些信息的麻烦。总之，用 COBie 作为信息交换格式可以支持一个新的以信息为主的设计、建造与移交的流程。

在 COBie 标准早期设计时已经作出范畴、技术以及合约与流程相关的决定，接下来的工作是制定出最为精简与大家都同意的格式来传送托管资产与相关运维的信息。下面将说明COBie 的数据模型，并解释模型的每个部件是如何连接的。

10.2 COBie 包含的内容

图 10-1 为一个工程在施工移交阶段 COBie 数据集的整体结构。在 COBie 中有三种类型的信息：第一种是由设计师建立的信息；第二种是承包商建立的信息；第三种是支持设计师与承包商建立的信息。

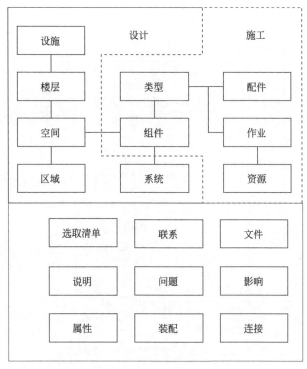

图 10-1 COBie 组织架构

在设计师方面，COBie 需要两个主要类型的资产：空间资产与设备资产。建筑内所有的空间是由设施、楼板与空间组织成的。在 COBie 中，空间的概念与实质的房间存在了一个关联性。如果一个特定实质的房间有多种功能，或该房间不同的部分对应不同的部门，则该实质的房间可以由几个独立的空间定义。通常，设计师会在房间号码后面加上字母来区分这样的差异，例如"101-A"与"101-B"。随着工程的进展，从设计到交接，设施每个房间外面最后贴的识别牌往往和设计师提供的房间号码不同。一旦房间号码确定，承包商会把识别牌的信息加到 COBie 的数值中以使编码一致。

图 10-2 为一家医疗诊所建筑部分的空间是如何被组织成区域的示意图。在图 10-2 的左上方，设施的名称显示为"医疗诊所"，这个信息是被安排在 COBie 组织"设施"的位置。设施阶层往下是该设施垂直方向不同的断面，在 COBie 这些被称为"楼层"，基础与屋顶也被列为 COBie 的楼层。建筑使用的部分，如"101 接待室"，是位于 COBie 的空间。如果想要把房间

作进一步的分组，可以使用 COBie 的"区域"。在图中，重点是希望能够知道每个部门所占用的空间。小儿科使用 101 至 103 的空间，药剂室使用一个单独的空间 110，急诊部使用 121 至 123。

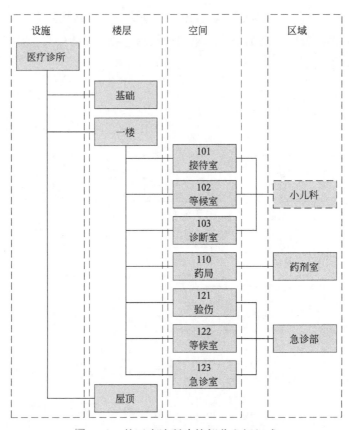

图 10-2 某医疗诊所建筑部分空间组成

因为采用区域来管理分组的空间，COBie 中也存在所谓的区域数值设定。在一个特定的建筑中经常会有许多不同类型的区域，所有这些不同类型的区域都可以在 COBie 中表示。也有可能需要用划线区域来区分公共与私人的空间，以及用区域来反映特定类型的建筑服务，如暖房与冷房的区域或是防火的分区。每个区域都有相应类别单独的空间列表，就像是在图 10-2 中部门区域有三个不同的类别，但所有区域都组成建筑空间相同的列表。

设施中第二大类别的资产是明细表中的设备与贴有标记的产品。所有设备资产是按资产类型来组织，也就是制造商与型号。在设计时，设计图中的设备明细表应该充分地反映在 COBie 档案中，数量多的物品可以由承包商呈报，如阀、开关、阻风挡板，这些数据可能需要从设计图中获得批注符号。通常，承包商需在这些大宗物品安装黄铜标签。有些设施经理要求对所有管理的设备都装上标签或条形码，这些标签或条形码也都需记录在 COBie 中。

为了提供建筑住户特定的服务，设备需要系统来组织应用。图 10-3 为 COBie 中设备组织的一个示意图，在图的左上方是设备隶属的设施。有关设备下一层的信息是设备类型，设备或产品类型反映了设计图纸中设备与产品明细表中的组织。如果适用的话，可以试图将这些明细表再用到其他设施有相同类型设备。如此降低了工程购买设备的费用，也降低了施工与验收过程的费用。图 10-3 为"医疗诊所"设施类型局部的列表。其中只显示类型为 A 的门，因为在一个特定的建筑中会有更多其他类型的门，每个其他类型的门会以同样的方式列出。这个例子也显示将有好几种不同类型的泵，但只有一个类型的空调处理机（AHU）以及多种类型的窗。当然，一栋真正的建筑物会有更多类型的设备。在每个设备类型的下一层是实际的设备。如图 10-3 所示，有两台类型 A 的泵与两台空调处理机（AHU）。

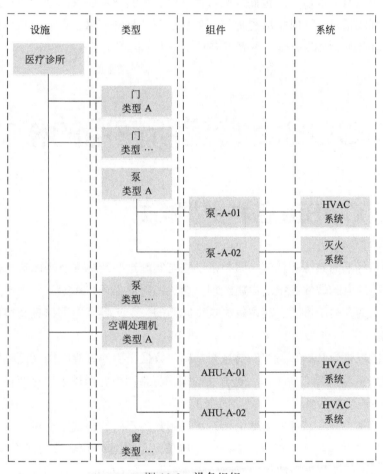

图 10-3　设备组织

设施中的设备不能以单独的个体存在，必须是一个服务系统的一部分，如暖房、冷房、消防等。系统中还有组件、连接器（如水管、风管、配线）以及控制器。由工程顾问公司设计这些系统，在设计过程中，把这些服务组织成不同的系统与子系统以确保能提供适当的服务。

这样的组织 COBie，能让设计师区分各组件所属的系统。例如，在图 10-3 中有一个泵是用在 HVAC 系统，而另一个泵则是用在灭火系统，两座空调处理机都是用在 HVAC 系统。COBie 指南建议有关支持设施维护作业所应该被捕获的类型与系统，以及其他有效的方式来分类与命名这些系统，能使这些信息更容易取用。

一旦设计师在设计结束时交付了 COBie 数据，接下来承包商的工作是用施工中所捕获的信息来加强设计时的数据。如果设计师所提供的数据是精确的，那么只需要确认特定类型设备的制造商与型号，承包商可以使用已经认可产品送审数据中的资讯，并且用它们来更新设计师的 COBie 数据。

一旦安装好设备，承包商只需要记录安装日期与设备的序列号。显然在第一时间就能记录这些信息，便可以摆脱纸张的限制。好处是承包商在工程的过程中不需要去多次取得这些信息。

当建筑系统验收完成后，承包商或验收代理商收集制造商建议的维修与更换零件时间表以及该系统运维的信息，同时也取得保修、备件以及耗材的信息。最后由承包商或验收代理商来完成相关信息在 COBie 作业、资源与备件工作表中的识别工作。

10.3 COBie 传递所使用的格式

10.3.1 COBie 各种数据格式

对现有信息标准的熟练和依赖，阻挡了建立与实施这些新标准所需的努力。那些在开始阶段就使用成熟的电脑软件系统的设施经理，会认识到把程序与档案从一个制造商的机器数据转到另一个制造商的困难性。其中解决这个问题的一个工具是美国信息交换标准码，或称为 ASCII 标准。

在这个"以纸张为基础"与"以信息为基础"数据交换的过渡时期，设施经理必须对能够用 COBie 交换的格式要有所了解。这方面的知识将帮助设施经理去比对两种不同格式，支持各方所提出的要求与反馈。

需要注意的是，设施经理所需要的信息可以用数种不同的格式来交付。只要包含在档案中的信息能够反映设施经理所指定的要求，这些信息是根据 COBie 数据架构模式整合而成，并且可以用所需的软件产生与使用，而产生的格式是适合 COBie 数据的传输。当讨论 COBie 的焦点都是放在档案的格式时，往往会忽略掉数据的质量。由于 ASCII 允许撰写的文件能够公开透明的交换，因此 COBie 与其相关的标准都将允许设施信息在软件与设备间互相传输。

现今，有三种数据格式可用于交换 COBie 数据。首先是"产品交换标准（STEP）"。STEP 档案被广泛应用于产品与工业制造，并且已经适合" IFCMode，ISO16739"所确认的附加模式的要求。第二种可以使用的标准被称为 ifcxml。这种格式提供了一个可扩展标记语言版本的 STEP 档案，虽然这些格式提供 COBie 数据简洁的语法，格式本身是倾向电脑对电脑的互动。第三种可用的格式是 SpreadsheetML，它是以表格的格式来提供 COBie 的信息。

美国与英国大多数 COBie 的用户都熟悉 Excel 电子表格版本的 COBie，这种格式在检测设施信息时具有一定的亲和力。因此，本章将集中在电子表格版本的 COBie 档案，当然其他的格式也是可以被接受的，只要它们都能包含所需的信息，并且可以被 FM 办公室的应用软件使用。

10.3.2　电子表格格式的 COBie 组织方式

电子表格形式的 COBie 信息是由一系列相关的工作表组织而成，把这些工作表加起来建立一个设施数据库，可用来描述整个设施管理的资产。伴随每一个描述的是指出当今商业软件产生适用特定类型 COBie 信息的能力。提供这样的信息是让设施经理们认识有什么是 COBie 可以完成的，以及当这些商业软件能提升他们的产品时，使用 COBie 将可能传递什么样的信息。

10.3.2.1　常用表格格式

为了简化建筑信息模型纳入到电子表格中的组织，需要开发一些 COBie 工作表特定的格式。这些格式包括工作表的命名、排列的顺序、颜色编码等，其可减少许多 COBie 使用者在没有 COBie 之前不可能减少的复杂性。

10.3.2.2　表格配置

COBie 工作表的组织开始于工作表的第一行，包括各种数据类型。通常，第一行最上方有工作表名称的标题。类型名称行始终是位列第一行。名称行中的列字段的值必须是唯一的。

接下来的一行中包含作者来历的信息，特别是创建者和输入者。这些在列中找到的数值用来确定建立 COBie 工作表数据的个人或公司。这个人可以是开发 COBie 模型的人，也可以只是建立 COBie 档案的人，以便发生问题时能找到原来建立信息的人。

第四行通常指的是数据列中信息的类别。对于 COBie 档案中许多信息的类别，设施经理可能已经有一套自己的划分标准。这些类别可以在设施经理签订的 COBie 合约条文中提出并且在交付过程中执行。具有一致的分类可确保一个设施信息能与另一个设施的信息进行比对。

如果需要的话，下一组的行可以输入所参考的之前 COBie 工作表中的信息，如文件与属性工作表。在工作表中参考其他工作表中的信息是非常重要的。参考的若是文件工作表，可以提供外部文件或特定属性的信息；参考的若是属性表，可以提供空间、类型等特定属性的信息。在参考其他工作表时，将包含该 COBie 工作表的名称，并列出参考文件或属性所在的位置。

下一行的"说明"信息是每个记录都必须提供的字段，例如在空间与类型的工作表中。还有在工程移交时，能够说明每个特定类型设备的型号。

再下一组的 COBie 信息是一个自动化系统，能够在 COBie 档案中特定位置自动建立数据。具体来说，需要三行来注明外部系统的名称、相关位置的名称、特有的识别号码，借由这些信息来自动产生目前 COBie 相关的数据。由于 COBie 的数据是靠一个软件系统自动传递而来，人工建立的 COBie 模型，在这些位置将一直是维持空白的。

接在外部信息后面的一组被称为"指定信息"。这种信息是普遍在 COBie 工作表都会有的数据列，如果建立这些信息，就应该明确加以说明，以确定该信息会被使用。例如在类型工作表中的"服务代码"，这些信息允许产品制造商或承包商可填入安装于设施中的产品法规信息。

10.3.2.3 扩充

COBie 工作表的名称与行标题是不可以改变的，标题的顺序也是固定的，这是 COBie 标准的依据。改变现有的工作表与行将造成非标准 COBie 的使用，并可能导致商业软件无法产生或使用这种客户自定制格式的数据。虽然 COBie 指定信息的组合是固定的，但是在 COBie 规范中允许三种方式来扩充 COBie 的信息。

第一种方式是通过改变 COBie 范例档案中预设的分类表。在 COBie 规范与其范例档案中预设的情况下，是使用 OmniClass 分类表。如果需要的是另一个分类架构，那么所有的数值就能根据新的设定调换过来。

第二种方式是扩充 COBie 信息内容，其是去扩充空间、类型或组件物体这些特定级别所需属性的规范。透过这个手段，对于个别运维管理来说，属于重要资产的属性便可以被识别与传递。

第三个方式是在任何现有 COBie 工作表的右侧增加新的资讯行。因此，如果工作表中的每一列都有新的属性需要被识别，新的行可以添加到 COBie 所有现有的行的右边。例如在空间工作表可能会扩充一个像是"周长"的属性。新加的行允许捕捉新的信息，并且有可能用自动的方式填入其中。

10.3.3　COBie 工作表介绍

图 10-1 中标识了电子表格版本 COBie 数据标准的每一个工作表，下面将简要描述这些工作表。

（1）说明工作表　COBie 说明工作表是 COBie 工作簿中的第一个工作表。它仅包含样板的信息，但是可以做为 COBie 交付内容的一个简要的概述。COBie 档案的版本以及所包含的工作表列在本页的最上方。图例位于这个说明表的底部，作为其他工作表颜色编码的参考。颜色编码是为了方便用手工去建立一种由 building SMART 联盟公布的 COBie 档案，颜色编码可以帮助更方便地人工审核档案的内容。

在许多实施 COBie 的商业软件，说明工作表只是作为 COBie 预设工作簿的说明，并不会用来作为特定的交付。在某些情况下，说明工作表是空白的。

（2）联系工作表　COBie 联系工作表包含工程生命周期中所有相关的个人与公司的名单。

在设计过程中，这些数值与那些建立或产生 COBie 数据档案的人或公司相关。在施工过程中，增加那些输入或更新 COBie 数据者的信息。在交付时，这些信息再补上制造商、供应商以及与保修担保人的资料。

一般来说建筑软件通信联系的信息都做得很好，这也是寻找制造商与供货商联系数据最重要的地方。

（3）设施工作表　COBie 设施工作表包含在 COBie 交付中涉及数据交换设施的信息。由于 COBie 的交付会在规划、设计、施工、移交、运维等阶段进行数据交换，有可能会出现设施名称的差异。建立标准的命名规则是工程业主应该要做的。COBie 只能反映目前业主使用的命名规则。COBie 档案应该只包含一个单一的设施。另外，COBie 设施工作表可以用来提供在场地上设施的经度、纬度和旋转数据，用这些地理空间信息去协调设施中的信息。所有应用到的软件都能够产生或使用整体设施某些部分的信息。

（4）楼层工作表　COBie 楼层工作表包含设施在垂直方向各个楼层的信息。传统建筑物的楼层将包含该建筑物所有的楼层加上基础与屋顶层。对于水平方向形式的设施，楼层将包括设施或整个建筑外部空间的区域。

（5）空间工作表　COBie 空间工作表包含垂直空间或楼板之间的空间的水平方向组织的信息。通常空间指的是由设计师所定义设施内实质的房间。在 COBie 中，空间具有稍微不同的定义，以确保即使是在同一个房间，不同类型的空间都可以被区分出来。如果房间中的活动或住户已经细分成好几个代表不同部门区域的空间，COBie 可将这个大的房间分成一些小的空间。施工期间由承包商粘贴标识牌，在安装完成后把它的信息加到空间工作表数据中。

（6）区域工作表　COBie 区域工作表包含空间分组的信息，这些被分组的空间只为了要支持设施各种设计或操作功能而被组织成适当的类别。为了要有一致的结果，在规划工程时分区就必须根据业主的要求制定。在大型、复杂的设施中，会有很多区域与子区域。在 COBie 中随着工程的进展，这些房间的分组可以用设计师、承包商和验收代理商命名的惯例命名成相互嵌套的情形。分区指的不仅是分享各种建筑服务的空间群，也可以是功能性或入住方面的空间群。

尽管 FM 团体明确要求要能识别设施中空间的区域，并将 2008 年以来的数据都记录在 COBie 的设计要求中，但不是所有的测试软件都能够产生或使用分区的信息。这种缺失可能直接是与测试软件缺少能够包含分区信息的基础数据结构有关。

（7）类型工作表　COBie 类型工作表包含设施中托管资产类型的信息。这些资产在设计过程中指定，并显示在设计图的明细表中。类型被组织成能扼要提供组件、属性以及所需运维信息的相关列表。在设计阶段就应该定义施工时所要安装产品的类型。在设计稍早的阶段，记录包含在设施中建筑元素的类型。在设计后的阶段，定义所需要的机械、电气、给排水、与其他系统产品的类型。在施工送审过程中，承包商提供每一个有关这些设备类型的信息。之后，再提供测试结果与运维手册。所有这些信息都被连接到特定的制造商与型号的信息上。

所有被测试的软件都能够产生或使用某些类型的部分信息。但被测试软件的一个主要问题是无法把设计图中的类型信息翻译成 COBie 的类型信息。这通常是因为在设计工作流程中，设计师经常为了方便出图，只是把表格的数据粘贴到设计图中，取代原本应该确认模型中信息是否正确的工作。

（8）组件工作表　COBie 组件工作表包含每个管理资产特定个体的信息，大部分这类信息是在设计期间指定于设计图的明细表中。到了施工期间，这些资产需要记录它们安装的日期与序列号。那些被运维视为重要资产的大宗物品的信息，也可以由建筑承包商用黄铜标签、条形码或其他标志来标识。这些组件也都包括在 COBie 组件工作表中。一个传递类型与组件信息的关键问题是业主一直不肯投入时间来决定 COBie 档案中强制性的类型与组件的列表。

（9）系统工作表　COBie 系统工作表包含说明如何把一群为设施提供特定建筑服务的组件组织成适当的系统。COBie 空间与 COBie 区域的关系就如同 COBie 要素与 COBie 系统的关系。虽然有些系统与分区的信息会重叠在一起，但是在 COBie 中并不受到影响，因为组件所组成的系统和空间所组成的区域都同时被 COBie 维护着。

尽管 FM 团体明确要求要能识别设施中组件的系统，多年以来都记录在 COBie 的设计要求中，但不是所有的软件都能够产生或使用系统的信息。这种缺失可能直接与软件缺少能够包含系统信息基础架构有关。

（10）装配工作表　COBie 装配工作表包含说明产品本身是以何种方式由其他托管产品组成的信息。对于某些类型的装配产品，这是非常重要的，因为这些装配的内部组件有它们自己不同的维护计划。空调处理机便是这种装配的一个例子。对于其他类型的装配产品，必须要知道每个子组件的属性，例如配电板，其中每个内部断路器都提供特定的回路。

（11）连接工作表　COBie 连接工作表包含组件间逻辑连接的信息。这些信息是很重要的，可以协助设施管理人员判断，当他扳动了一个开关或关闭了一个阀门会对这些连接装置上游或下游所造成的影响。

（12）配件工作表　COBie 配件工作表提供了一个机制，透过它能够识别各种类型托管资产运维所需的备用零件、更换零件与耗材。这些备件的资讯可以放在工作表中的一个列，在这个列中应该可以找到一个 COBie 义件工作表的记录。备件的信息也可以在备件工作表中一件一件地来识别。一些维修管理系统已能够使用备用零件与更换零件以及耗材的信息。

（13）资源工作表　COBie 资源工作表提供了一个机制，透过它能够传送维护作业所需材料、设备与训练的信息。一些维修管理系统已能够使用这些材料、设备与训练的信息来协助作业计划。

（14）作业工作表　COBie 作业工作表提供了一个机制，透过它能够传送预防性维护、安全、测试、操作与紧急处理程序的信息。COBie 作业工作表可以包含一系列操作或任务的一般说明，也可以用来建立小型的计划，让工程团队把资源明确地连接到一个作业中特定的操作。大多数维修管理系统已能够使用作业计划的信息。其中的几个工具已经能够使用多步骤作业排序运作，它们比较希望能汇入整段的文字信息。

（15）影响工作表　COBie 影响工作表提供了一个机制，透过它能够获得设施对环境与设施住户影响的类型。

（16）文件工作表　COBie 文件工作表提供了一个机制，透过它能够检索多种类型的外部文件，并且捕获它们的信息。

（17）属性工作表　COBie 属性工作表提供了一个机制，透过它能够捕获多种类型属性。那些指定 COBie 数据的传递可能会用到某些特定的属性。一组所需属性的最低标准将包含设计明细表中所有标题的资料。

所有的软件都被证明能够产生或使用属性的信息。如果设施经理没有指定所需的属性，软件所提供的属性通常会与 FM 没什么关系，甚至会与设计图明细表中的属性不一致。

（18）坐标工作表　COBie 坐标工作表提供了一个机制，透过它可以用一组最少的点、线、几何图形来指定参考到的对象。

（19）问题工作表　COBie 问题工作表提供了一个机制，透过它能够记录在工程相关阶段有关设施问题与所做决定的文字说明。问题可能与先前在 COBie 档案中标识的单一资产有关，也有可能是两个资产间的问题。

（20）选取清单工作表　COBie 选取清单工作表包含了一些特别为手工开发的档案，在 COBie 工作表中用来填入类别的下拉式数值选单以及其他的选择清单。经由软件输出产生的 COBie 档案通常在 COBie 选取清单工作表中不会有任何的内容，或是完全省略掉这个工作表。

在制定特定机构或设施个别的需求时，有关设施、空间、区域、组件与系统选取列表的识别，对于设施经理来说应该是最为重要的。

10.4　COBie 交付

COBie 在设施生命周期中的数个阶段，被组织成能有效地传递托管资产的信息。从开始规划一个新的工程一直到目前设施运行的状况，COBie 数据可以在六个主要的阶段捕捉，如图 10-4 所示。

10.4.1　规划阶段

在决定设计与建造一个设施前，规划师与业主为每个新的设施拟定期望的需求。若是与建筑有关的设施，在规划过程中设定一个"房间数据表"作为规划的关键道具。房间数据表包含设施所需空间的清单，以及这些空间满足用户要求所应提供的特色与服务。许多业主都有完善的空间管理标准，有一系列统一设施的标准文件，标识每一种类型的典型空间以及这些空间中所需要的家具与设备。这

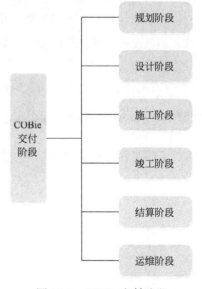

图 10-4　COBie 交付阶段

些空间汇编构成一个特定规划的建筑，称为空间计划。这些空间所需要的设备的汇编称为设备计划。

由于 COBie 包含空间与设备资产，最好在工程规划完成阶段就开始交付 COBie 数据。事实上，把计划完成的 COBie 模型交付作为设计、建造合约的一部分，将有助于鞭策设计师交付与个别 FM 做法兼容的 COBie 数据生成。这是因为每种类型空间与设备的名称已经根据标准的准则制定好，可以让设计师重复使用。另一种情形是，设计师拿着这些房间数据表，用人工的方式把信息抄写到建筑的平面图上。这种转录很容易出错，而且从规划到设计失去的信息就难以找回。对于大多数的工程，设施经理永远无法看到原来每一个空间的需求，因为原来的空间与设备计划数据并没有从规划转移到设计。

10.4.2　设计阶段

在设计时间，一个早期的建筑 COBie 模型与一个完整施工文件阶段的设计模型应该要确定下来。建筑模型的目的是验证是否满足空间计划的要求。把空间计划的 COBie 档案与早期的建筑 COBie 模型加以比较，将允许设施经理与供应商判别所提出的设计是否符合相关合约文件中的规定。

在施工文件阶段的设计模型应该充分反映合约施工文件中所规定的信息。主要的关注是 COBie 档案与图中设计明细表以及相关批注的信息是否符合。这些明细表应包括房间明细表、设备明细表以及产品明细表。

假设是由不同的设计师根据行业惯例与设计师个人的喜好来建立资产明细表与相关的批注，将需要有额外的规定。那就是设计师对丁建筑的资产，必须提供一套一致的共享结构化的信息。确保这种一致性的第一步，是在设计明细表中定义关键性托管资产最起码要有的信息。如果没有定义这样的要求，设计与施工团队将提供惯用的信息，可能符合也可能不符合设施管理办公室的需求。

COBie 指南确定交付档案应包括最起码的固定资产集，并概述每种类型资产所需的属性。再者，COBie 指南从运维的观点列出 COBie 所需托管资产重要性的优先顺序。因此设计师应该用 COBie 格式来确定每个类型资产最起码的属性集，之后再由承包商接手。在理想的情况下，这些属性也将被设计师作为竣工图中设计明细表的内容。

10.4.3　施工阶段

在施工阶段，业主、承包商、分包商与验收代理商将努力想办法去完成设施。当设施完成时，他们应该能够获取 COBie 的数据。业主如果使用电子送审登录系统，能够自动抓取设施所有批准产品的产品数据。施工承包商或分包商可以记录所安装设备的序列号与安装日期。在验收期间，可以检查安装设备的信息，并提供运维信息。

业主在安装完所有主要设备后，紧接着就可以取得高质量 COBie 模型的一个重要的原因是，COBie 信息可以协助维修人员规划他们预期任用人员的需求。在施工期间，基本上有三种不同的方式来传递 COBie 档案。FM 办公室应该根据待建设施的规模与范围，来判断哪一种方法提供最有用的信息。这样的评估可以在设计审查过程中做出，所采用的方法必须反映在施工合约中，以确保如果承包商不能履约提供所需信息可以扣他们的支付款。

一种方法是每月送交重型设备或工业设施的 COBie 档案，碰到这种有重型设备或工业设施的工程，承包商经常在现场放置已经投资了不少金钱但还没有安装的设备，增加了承包商现金流通的负担。施工管理代理商可能根据 COBie 档案来向业主辩解要求支付这样的现场设备，并提供 COBie 档案的副本。让业主来判断像这种设备密集的工程的运维管理是否需要购买专门的训练或维修工具。

对于拥有常用设备的传统设施，它的设施经理主要是对设备的数量以及必须能够操作与维护这些复杂的控制系统感兴趣。为了顾及这种情形，在送审批准后，承包商需要提供所有主要设备的 COBie 档案。

10.4.4 竣工阶段

在工程完工之前，一旦设施经理被赋予竣工建筑的管理责任时，他将负责启动该部分的运维。这时候竣工完成的 COBie 交付，应该跟着设施的钥匙一起交至 FM 办公室。这个阶段的 COBie 信息应该包括：保修、零件、耗材、维护与操作的信息。

在做任何事情之前，设施经理应该放一份 COBie 档案与相关文件的副本到备份的位置。一旦信息被保存备查，FM 办公室就应该开始使用 COBie 数据来进行操作。如果 FM 办公室是使用 CMMS，那么 COBie 档案应该汇入到该系统中。汇入 COBie 类型工作表、COBie 组件工作表、COBie 作业工作表以及相关的信息将立即允许系统进行适当的维护与运转作业。

除了排除必要的作业外，设施管理人员也将需要取用 COBie 的数据来完成这些任务。COBie 可以用纸张、网络、云端技术或整合系统等方式来提供给管理人员。

对于每个维修工厂来说信息的格式可以是不同的，根据设施人员的计算机专业程度以及设施的安全状况安排格式。部分 COBie 的数据与文件可以打印出来给那些需要它的技术员或维修工厂。对于在办公室作业的人员，当他们的设施信息不应该被放在设施的信息管理网络控制之外的计算机网络上时，可以替每个建筑设置一个共享的网络驱动器机，把 COBie 数据放在那里。这样的磁盘驱动器应设成仅供读取，使得授权用户只能读取产品数据表、详图等的信息，但不能改变它们。

各种云端技术平台，可以加以评估并选来托管 COBie 信息与相关文件。COBie 传递信息的另外用途是用于计算机辅助设施管理（CAFM）。通常，这种系统是用来支持租户空间的分配。COBie 把所有空间与其面积尺寸完整的列表传递给这种系统。除了空间的清单，透过 COBie 还可以提供空间的特性。这样的信息提供了一个非常有用的工具，协助设施资产经理找出设施中哪些空间是可以支持租户所需的活动。

10.4.5　结算阶段

当工程到了财政结算的时候应提供交付完成的 COBie 模型，这通常是设施实际入住后的几个月，甚至几年。这样的延迟是用来完成工程中所有的变更，并且解决任何有待解决项目列表。这个 COBie 模型与入住完成的 COBie 模型应该只有少许的不同，同时从空间与托管资产清单的角度来看，入住完成与财政结算完成的模型应没有什么差别。

10.4.6　运维阶段

要让 COBie 最终获得成功，关键在于住户入住时能交付 COBie 的信息，并以这个时间点作为设施经理使用 COBie 数据的起点，而不是终点。当今，会有许多不同的流程影响 COBie 数据目前的状态。各种工作订单可能会导致使用备件或耗材，而服务订单可能需要拆除旧的设备与安装替换的设备，翻新可能需要打掉、移动、添加的设备。要真正知道 COBie 将如何改变，设施管理人员必须要先计划与了解目前用到的各种信息系统间信息的流动。由于信息系统的决策是复杂的，通常的情况是设施管理办公室使用特定的产品，或选择任何看起来最能解决在 COBie 信息管理生命周期中某些个别的问题的现有产品。这样的决定可能看起来好像是有进步，但也可能会因为不能让所有产品都采纳开放的标准数据出现，导致大量的数据交换与难以转型。

10.5　如何实施 COBie

第一次使用 COBie 的最好方法就是先从简单应用开始，用它来得到一些立即的回馈。可以先跟着一些资本工程的设计与施工来使用 COBie，接着是去记录设施管理办公室正在进行的工作订单这一类的信息。以下的核对清单提供了作为 FM 团队第一次着手使用 COBie 的参考。

（1）进行 COBie 试点工程

①根据工程范畴与工程团队来审查资金计划。

②举办说明会来陈述工程目标。

③找出并审查设计与施工流程和程序。

④审查与更新现有合约和规范。

⑤更新合约来交付 COBie 数据。

⑥透过每个月的团队会议来监测 COBie 的产量。

⑦审查 COBie 交付。

⑧接受 COBie 交付取代纸张文件。

⑨把 COBie 数据汇入到现有相关的信息技术。

（2）找出创新的机会

①制定服务订单中资产信息的规则。

②制定工作订单表格式数据输入的规则。

③制定"维护完成建筑数据"的规则。

④合并维护与资产管理的功能。

（3）审查现有的信息技术

①找出运维管理的软件。

②找出资产管理的软件。

③判断该软件能够使用 COBie 数据的程度。

④进行内部 COBie 的试用来验证 COBie 的规则实用度。

（4）审查现有的管理控制

①找出一个常用的分类系统。

②找出设备命名规则。

③找出最关键的资产必要属性。

④运维阶段获得的 COBie 数据文件处理。

⑤使用已获授权使用的中央 COBie 数据库的文件处理。

当多数的关注都是在新建设施的 COBie 数据发展时，大多数工业化世界的建筑物都已经建成了，即使是用最积极的设施，整个 COBie 数据的取得可能仍需要好几十年。

在完成所有资本设施 COBie 交付作业流程后，设施经理还应考虑把每天都能获得的资产信息作为每个服务订单、工作订单或翻新工程的一部分。调整合约、程序与目前使用的软件，让技术员记录现有或变动的资产。由于大多数主要设备必须作年度的维修，若把所有服务订单所做的改变都包含到 COBie 文件中，可能会造成在不到一年就得出一份完整的 COBie 库存报告。

10.6 COBie 未来发展

10.6.1 现状

COBie 是一套有关管理设施资产的结构化信息。COBie 信息可在 IFC、ifcxml 与 Spread-sheetML 这三个开放标准格式中进行转换。COBie 的电子表格版本已经开始被广泛的接受，因为这种格式的信息是明确表示、易于理解，并且能够被二十多个商业开发的软件系统产生与使用。

在设计、施工与设施运维过程中遗失了非常多的信息。而很多遗失的信息涉及托管资产的信息，COBie 可以明显减少这种信息遗失。在规划、设计与施工过程中，COBie 自动产生的信息也可以减少或消除对昂贵纸张文件的依赖，这些纸张文件往往用完便丢弃了。

虽然 COBie 的发展已经花了十年的时间，但 COBie 信息模型与数据格式的发展是最容易实现的部分。而真正困难的工作摆在每个设施经理的面前，因为他们得决定如何以及何时进行 COBie 在工程中的应用，并决定如何用 COBie 标准传递设施信息。

建议每一位想要知道他所负责资产当前状态的设施经理，先找出机构中有哪些单位必须进行 COBie 的转型。在这些部门、机构中，设施经理必须培育优秀人才，来指导每个办公室业务的转型。

首先应该完成的工作是找出 COBie 数据遗失与重建所造成的浪费，这样可以展示与发展使用共享和结构化信息所可能获得的好处。有了预期成果的推算便应该启动试点工程，把使用 COBic 的实际成果与预期成果拿来比较，建立整个机构使用 COBie 达成转型的业务案例。

10.6.2 发展

虽然 COBie 的基本骨架与交付托管资产的规划已完成，但设计、施工与 FM 中有待实施 COBie 的工作才正要开始。这里有几个 COBie 相关的计划可以帮助简化 COBie 的使用。

其中一个计划叫做 COBieCutSheet，旨在把制造商以文件为中心的 PDF 格式的产品数据单转换成轻量级的数据模型。如果这是在建筑内有关设备想要完成信息转换，可以透过连锁流通的方式来简化整个过程。然而，在成功实施 COBieCutSheet 之前，每种类型资产所需特定属性的数据标准必须建立起来（如属性、度量单位等）。SPie（规范属性信息交换）计划的目的便是提供这种标准产品的样板。

实施 STEP 甚至 SpreadsheetML 规范的问题是，这样的规格不太容易支持快速的软件专业化，这些软件专业化在过去的十年带动了大量的技术创新。COBieLite 规范将是一个 xml 格式的 COBie 数据传递规范，是用 Content Assembly Mechanism 标准发展出来的，而这个标准是根据 Organization for the Advancement of Structured Information Standards（OASIS）所发展出来的。COBie 发展团队将开放建筑信息给各种不同的计算机程序设计师，并透过任意数量的智慧传感器与平台，进行分析发展，能紧密地与客户、租户、监管机构以及建筑住户共享建筑信息的潜在能力。

　　本章中所描述的 COBie 数据交付，是根据在指定的各个合约阶段提供整套的 COBie 数据交付。在开发 COBie 时，这些合约的各方不应该一直等到交付即将截止前才来制作完整的数据集。工程期间，资产信息的交付可以透过仔细分派工作给特定的签约方来达成。而这些签约方提供部分负责的信息，是他们履行分包合约或是质量管理的一部分。

　　工程结束时，设计与施工数据会移交给设施管理机构。通过制定统一标准能超越目前以文件为主的交流，建立以信息为主的交流。专业知识的投入可以有效发展这个标准的宝贵资源。COBie 之所以成功，是由于它是在 FM 过程中通过总结各种问题，得出了解决方法。

第 11 章

基于 BIM 的可视化
运维管理平台

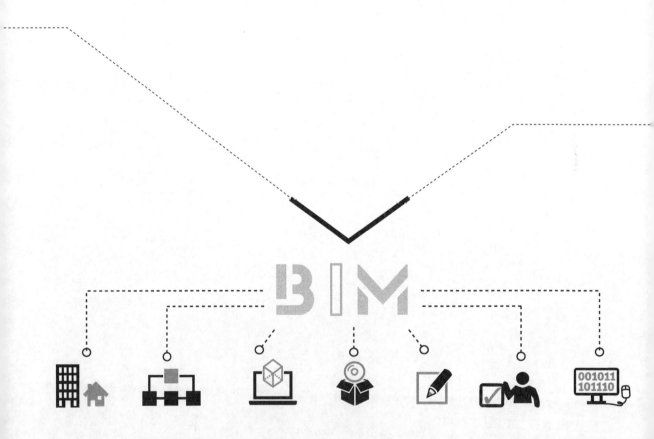

BIM 在引入我国后，在多年的发展中取得了可喜的成就。自 2012 年以来，国家和各省市相继推出了一系列鼓励和大力发展 BIM 技术的指导意见，政府、业主、设计、施工、监理单位及第三方咨询机构都对 BIM 技术的发展起到了推动的作用。在前期设计和施工阶段使用完成 BIM 模型后，很多项目都把 BIM 模型搁置一旁，但其实 BIM 的真正作用在于运维阶段。在 BIM 的竣工模型中已经有建筑的空间数据、设施设备的参数数据，有的还有装饰装修的模型数据，这些都是物业管理公司后期进行维修改造、信息化管理的基础要素。

11.1 项目总览系统

11.1.1 空间信息

对所有自定义三维模型和 BIM 模型进行树形结构管理，在系统主界面查看模型三维空间信息，包括楼宇信息及周边环境信息，如图 11-1 所示。鼠标点选三维场景可直接在高亮范围内，看到所有含有属性信息的模型并列入查询结果列表。通过鼠标点选，还可以实现多项目信息同平台查看，方便决策者对不同项目运营情况直观对比及总体把控。

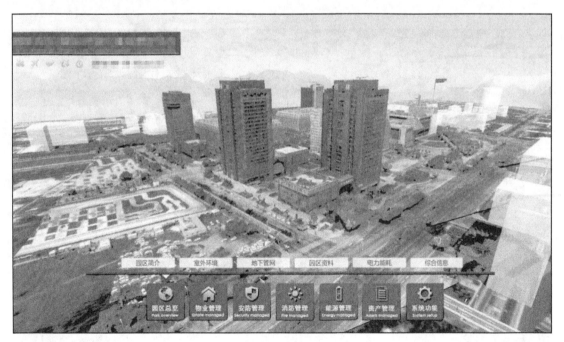

图 11-1　系统界面

11.1.2 模型信息

11.1.2.1 三维空间漫游

BIM 模型支持用鼠标的拖拽和键盘等按键对三维场景（包括地面建筑环境、室内房间）进行自由浏览；支持预设视点定位，创建漫游路径，轨迹浏览；支持在三维浏览漫游的过程中，点击任意信息点，显示其属性信息，如电梯、消防设备信息，地下管线信息，地面道路、建筑等环境信息；可以根据需要暂停或退出，可根据需要选择自由模式或重力模式；支持二、三维状态切换，按信息树进行空间定位，按关键字定位，进行区域查询。

11.1.2.2 BIM 模型应用

（1）空间定位 对所有自定义三维模型和 BIM 模型进行树形结构管理，点选构件列表里的构件可以实现构件的定位，包括园区建筑构件、水电管线等信息的可视化。

（2）按关键字定位 可以直接检索构件信息中的特定字段，列出符合条件所有构件，其他非相关部分隐藏，突出显示定位构件。

（3）户型展示 BIM 模型的建立提供了可视空间的 3D 模型，如图 11-2 所示。人们在电脑画面（或手持平板电脑）上就可方便地了解户型的布局、空间感觉和气氛，同时可以模拟调整布局，改变桌子摆放、增减椅子数量，并立即得到调整后的空间效果。客户在展厅即可了解户型详细信息及使用效果，还可以实现不同户型对比，方便客户快速选择适合自己的户型。

图 11-2 楼层展示

（4）3D 引导显示屏　利用智能手机在楼内、区内进行信息引导已开始应用。建议在大型项目、大型会展园区设立多处 3D 引导显示系统，方便用户。例如：中国某大厦设计了双层空中大堂及双层电梯，如不好找路径，要到目的层就会很麻烦，因此可设多块 3D 引导牌，指示乘梯路径。

（5）动态数据展示　可以录入指定模型的动态数据，模型将自动按照动态数据的报警级别切换不同的颜色，通过模型标注和点选模型可以显示动态数据，比如租售信息可以用不同颜色标注、租用合约快到期时用特定颜色显示。

11.1.3　室外环境

在俯视整个园区时，自动弹出园区及周边配套设施信息，包括将园区内部环境、周边配套设施、环境、交通、天气信息等信息可视化，丰富客户对园区整体区位及建成效果的直观感受，突出园区优越的地理区位，园区情况呈现度更高，展示效果更好，根据园区景观、道路、水系及建筑物都可以直观感受建成效果。

另外，周边交通情况也可以通过鸟瞰反映在界面上，$PM_{2.5}$ 及温湿度信息实时更新，为客户提供及时准确的天气信息。用户还可根据需要设置园区不同时间点、不同天气的动态效果，体验晴天、雨雪天气等不同条件下园区的观感，丰富园区展示效果。

11.1.4　地下管网

①将漏水报警与 BIM 模型相结合，可在大屏上非常直观地看到浸水的平面和三维图像，从而制定抢救措施，减少损失。CAD 图纸对结构复杂地下层的上下对应关系不能直观清楚的了解，若市政自来水外管线破裂，水从未完全封堵的穿管将进入楼内地下层。尽管有的房间有漏水报警，但水势较大，且从管线、电缆桥架、未作防水的地面向地下多层漏水，要动用大量人力，对配电室电缆夹层、仓库、辅助用房等进行逐一开门检查，费时费力，并且可能会造成巨大损失。

②通过 BIM 模型显示，阀门位置一目了然。标准楼层水管及阀门的设计和安装都有相应的规律，但是在大堂、中庭等处，由于空间变化大，水管阀门在施工时常有存在哪方便就安装在哪的现象。当有水管破裂，寻找起来非常困难，有了 BIM 模型，问题处理会快很多。

③利用 BIM 模型可对地下层入口精准定位、验收，方便封堵，也可易于检查质量，减少事故概率。一个大项目市政有电力、光纤、自来水、中水、热力、燃气等几十个进楼接口，

在封堵不良且验收不到位时，一旦外部有水（如市政自来水爆裂，雨水倒灌），水就会进入楼内，不易于管理。

11.1.5 图纸文档

建筑图纸文档管理是将图纸管理、施工档案、门、窗、设备管理可视化，包括用户资料、物业资料、规划图纸等文档的可视化，如图 11-3 所示。将图纸文档归入可视化平台具有有利于图纸文档的保存、可及时调阅查看、方便寻找等优势，实现所有数据上平台的一体化管理。

图 11-3　图纸文档

11.2 物业管理系统

11.2.1 物业管理

针对业主方的物业管理需要，智慧建筑（园区）项目每天需对保洁、保安、工程人数进行统计，为园区设施设备日常维护管理提供支持，建立设备及设施维护数据库、三维空间展示设施设备位置全局部署情况、BIM-ERP 连接、模拟设备的搬运路线、上下游关联设备信息显示等。

11.2.1.1　人员管理

无线信号的信号强度在空间传播过程中，会随着传播距离的增加而减弱，接收端设备与信号源（对讲终端、特制的工作卡等）距离越近，信号源的信号强度就越强；根据终端设备接收到的信号强度和已知的无线信号衰落模型，可以估算出接收方和信号源之间的距离，根据估算接收方与多个信号源之间的距离，就可以计算出接收方的位置。

人员考勤系统可记录每个人的进出时间和位置，通过人员定位系统，可对人员信息进行复核，而且可实时了解每个人员的位置及运行轨迹。

①部门考勤查询：可按部门及各种指定条件进行部门人员的出勤情况查询，如图 11-4 所示，如根据编号、姓名、班次、工种、部门等查询条件，可按任意条件自动排序。

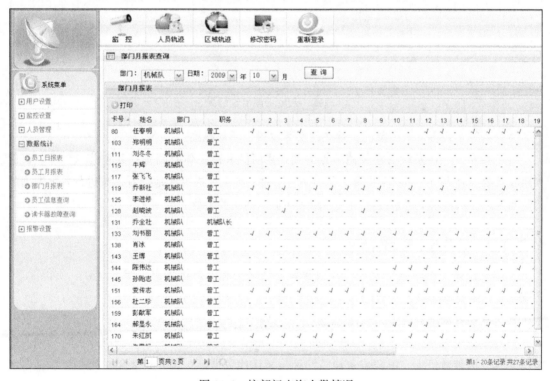

图 11-4　按部门查询出勤情况

②员工考勤查询：可按各种指定条件进行人员的出勤情况查询，如根据编号、姓名、班次、工种、部门等查询条件，可以按任意条件自动排序，如图 11-5 所示。

③可以根据日期对进出隧道的施工人员数量进行统计，显示某个区域人员及设备的身份、数量和分布情况。

图 11-5　人员查询出勤情况

④查询一个或多个人员及设备现在的实际位置、活动轨迹。

⑤记录有关人员及设备在任意地点的到、离时间和总工作时间等一系列信息，可以督促和落实重要巡查人员（如安全检测人员）是否按时、到点地进行实地查看，或进行各项数据的检测和处理，从根本上尽量杜绝因人为因素而造成的相关事故。

11.2.1.2　设施设备运维管理

①建立设备、设施维护数据库，包含设备规格信息、指标信息、维修记录、质保信息、厂家信息、维修电话等。

在机电设备运维管理中，利用 RFID 卡（射频卡）或二维码作设备标签已开始普及，已有企业开始试验用 RFID 卡对隐蔽工程中的 VAVBOX（变风量空调末端）、阀门等进行标记。但因设备多、标签数量大、电源需更换等问题，操作比较麻烦。现开始采用二维码，在设备本体、基座、隐蔽设备附近（如通道墙面）贴附二维码，操作很实用。用智能手机、平板电脑扫描二维码可得到设备的相关信息及上下游系统构成，也可将巡视资料通过 WIFI（或 3G、4G）送回后台。

②三维空间展示设施设备位置全局部署情况（楼、层的设备分布情况）、BIM-ERP 连接、模拟设备的搬运路线。

在物业管理企业中，ERP 系统已开始广泛应用，多种版本的软件紧紧围绕物业管理需求，系统内容逐渐丰富，适用性逐渐落地。在应用中许多物管企业参与或改进了这一系统，因此使其越来越完善。BIM 模型要在物业运维方面发挥作用、延续生命，与物管 ERP 连接是最有效的方法。ERP 的大量数据、统计方式、显示界面都将使 BIM 应用更快成熟，因此在设计 BIM 应用时，就要提前预留与 ERP 的接口条件。

利用 BIM 模型还可以很容易模拟设备的搬运路线，经过认真分析，对今后 10 年甚至 20 年需更换的大型设备，如制冷机组、锅炉等，作出管道可拆装、封堵、移位的预留条件。BIM 模型中的建筑数据比传统的 CAD 软件要求更严、更准，利用这一点在物业管理中可对诸如石材面积、地毯面积、地板面积、外窗（外玻璃）面积以及阀门、水泵、电机等大量材料和零配件进行精准的定位统计。结合物业行业中已较成熟的 ERP 管理，就可使管理工作上一个台阶。

③快速定位指定设备（ID）空间位置（楼、层、房间、通道、楼梯等），并且可以实现去天花板功能。如果房间分隔要改造、风道风口要移位、灯光电线要增加，可是有天花板挡着，路就看不见。是否有安装空间看不见，采用从检修孔探进也会被空调末端挡着，看不清。BIM 模型的建立，解决了这个难题，在现场拿着平板电脑，调出房间图纸，使用去天花板功能（涂层透明化），这时整个天花板从图像中去掉，甚至连四壁墙的装修也去掉，天花板内、装修内的设备、管线、电线一清二楚，为改造、检修提供了极大方便，如图 11-6 所示。

图 11-6 去天花板功能

④上下游关联设备信息展示，便于对事件源及对下游设备可能造成的影响进行判断。

⑤制订设备维修保障计划，并提前警示计划的执行。

⑥实时协议接入设备监测信息。

⑦ BIM 动态化：让 BA 走进 BIM，让 BIM 动起来，只有形成一个动态 BIM 环境，才能使 BIM 在运维上发挥作用，在 BIM 中涵盖动态化数据。

⑧ BIM 模型与运维人员的培训：BIM 模型直观、准确，各种机电设备、管线、风道、建筑布局一目了然，加上动态信息、人流、车流、设备运行参数，又以动画方式演绎出来。这些信息是培训运维技工、安保人员以及各类服务人员的极好教材。因此，充分利用这些教材

进行培训，又成为 BIM 模型的重要应用内容。

⑨实时动态监测的设备对象，可依据设定阈值实时远程报警通知（铃声、短信、邮件等）。

11.2.2 房屋租赁管理

在房屋出租或出售后，物业管理方可以在模型中加入客户信息，对园区租户信息进行空间展示，包括公司名称、公司类别、人员清单、租期及费用等详细出租信息。这些信息可与物业软件对接，设定租用时间，在后期管理过程中，通过不同颜色标注，显示所有户型出租或出售情况，实现实时租户数据查看，并可实现阶段上报功能。在租金即将到期时提出预警，提醒物业人员及时催缴费用，也可设定自动催缴。

11.2.3 其他管理

（1）车位管理 通过 BIM，在车库入口处通过屏幕可显示出所有已占车位和空闲车位；通过有定位标识标记的车位卡还可以在车库监控大屏幕上查询所在车的位置。通过对地下室停车场进行系统的停车标识导视设计，可使地下室成为干净、整洁、导视性强的化身，给公司及外来客户提供一个好的印象，如图 11-7 所示。

图 11-7 车库空间展示

（2）车辆管理　应用 RFID（射频卡）将定位标识标记在车位卡上，车辆进入场区时领取车位卡，可根据车位卡采集停车位置，实现反向寻车。

（3）门禁管理　在 BIM 模型中三维显示楼宇、楼层门禁安装位置，可选择、调取并查阅门禁记录信息、门禁配置管理信息等，可联动查阅相关监控设备信息。

（4）报警管理　视频监控与其他报警系统联动，可识别特定视频特征信息，并通过报警铃声、短信、邮件等实现报警管理。

11.3　能源管理系统

11.3.1　电力监控

（1）用电远超　能耗统计管理模块可以实时统计每一块电表的实时读数，每一栋楼的电表实时读数以及整个园区的电表实时读数。实时监测管理模块可以实时监测每个配电箱的功率因数、电流、漏电电流、温度、相电压以及总有功，并且每一个配电箱数据都可以打开生成统计图。告警信息管理模块可以统计告警设备名称、告警的类型以及告警的信息。告警设置管理模块可以设置告警类型、告警最小值、告警最大值。

（2）能耗分析　通过远抄用电数据并生成统计图，如图 11-8 所示，实现用电情况纵向和横向对比，及时发现用电异常情况，并可以提醒租户或客户及时缴纳电费，省去物业管理工程维修人员抄表时间、客服人员接听客户请求送电的电话时间，提高工作效率，节省人力成本。

（3）设备自控　对比住宅、商场，企业具有朝九晚五的规律性，偶尔有加班情况出现。根据企业上下班周历，在电脑或 APP 上设置非必须用电设备的使用时段，如热水器、打印机、电视、音响的使用时间（上午 9:00 ～ 12:00，下午 13:30 ～ 17:30），时间段内用电设备处于允许使用状态，时间段外禁止使用或进入加班状态。加班状态时用电设备每 2 小时会自动关闭一次，杜绝了员工离开忘关用电设备而造成的浪费。最重要的是，以前这个只能由用户自己手动进行操作，有时会忘记。使用云开关和云插座，只需要通过在手机上设置即可规律性自动执行，如有加班的情况出现，只要通过手机 APP 就可以完成改变，无需过多的干预，非常方便。

云产品提供了多个定时开关时点，可根据公共办公区域、会议室、领导办公室特点设置定时关机时间（比如下班），到设置时间云插座会自动关闭非必要用电的设备，杜绝待机能耗。

（4）节电分析

① 经济效益。

a.时段管理节能：云开关和云插座具有分时段使用功能。按照企业的上班习惯，每天从早9点到晚5点长达8个小时左右所有电器全部开启，但是通过设置使用时间段控制，可以在中午下班、下午下班这些非上班时间自动关闭热水器、打印机等非必要大功率用电设备，按照企业上下班的规律可以让用电设备少运行至少一个半小时，平均节能可达近15%。

图 11-8　能耗统计

b.杜绝待机能耗：安装使用云开关和云插座，可设置到下班时间系统自动关闭办公室内各区域的灯、热水器、打印机等电器的电源，并自动开启安防报警系统。忘记点下班键时也可用手机远程执行下班操作，办公室内电器全部关闭，有效杜绝待机能耗。以1个中小企业公司有40台电脑、7台空调、3台打印机、1台传真、4个饮水机、1台电视、2个音响为例，平均每年因待机能耗使用电3476.2千瓦时。使用云开关和云插座进行节能管理，便可节省此项费用。

c.电量统计节能：云开关和云插座提供多种智能节能管理方式，还可记录每台用电设备的实时、日、月、年的使用情况和耗电数值，为实现精细化管理，减少用电设备使用环节的浪费提供数据支撑，或用于单位内不同部门进行耗电考核评比，奖优惩劣，有效促进行为节能，培养主动节能习惯。

② 社会效益。采用云插座对企业空调进行智能节能管理，不仅为企业减小能源消耗，节省费用支出，还可提高节约意识，为建设节约型、环保型社会做出贡献。

（5）数据查询比对　可记录每台用电设备的实时、日、月、年的使用情况和耗电数值，为用电设备的节能管理提供客观真实的数据，为节能改造提供数据支撑。也可方便不同部门间进行耗电考核评比，奖优罚劣，有效促进行为节能，培养节能意识。

（6）能源报告　系统可根据设定时段自动生成阶段能源报告，方便管理人员对数据的比选和分析。

11.3.2　照明管理

现在大多数项目都具有智能照明功能，利用 BIM 模型可对现场管理，尤其是大堂、中庭、夜景、庭院的照明再现，为物业人员提供直观方便的手段。可通过设定不同场景模式（比如节日模式、会议模式等），在不同时刻亮起不同风格的照明，实现对照明的统一控制；或自定义在模型中控制不同种类照明的启闭以达到不同的场景需求。

11.3.3　室内环境

通过手机 APP 及管理软件提供多达二十个情景模式可供编辑和使用，可根据习惯和需求特点，对用电设备进行"一键管理"。走进办公室时，在手机上轻点上班场景，系统自动执行一系列场景动作（如空调自动打开并将温度调至最舒适，窗帘、打印机、计算机、净化器、饮水机、打印机全部自动打开，不需要一个一个打开开关或寻找遥控器）。需要开会时只需在手机 APP 上点开会议场景，会议室的灯光、笔记本、投影、话筒依次自动打开，窗户窗帘自动关闭。

11.3.4　电梯监控

电梯监控位置及信号可在中控室或应急指挥大厅、数据中心 ECC 大厅等处的大屏幕可视化显示，含音频、视频、数据信号及电梯机房的视频信号、烟感、温感信号；电梯及环境状态与 BIM 联动，可视化显示电梯实时运行方向、实时位置以及电梯实时状态。

11.3.5　风系统设备

对于一个复杂而庞大建筑的空调系统，利用 BIM 模型可以非常直观且随时了解它的运行状态，对整体研究空调运行策略、气流、水流、能源分布定义具有很大帮助。对于使用 VAV 变风量空调系统及多冷源的计算机中心等项目来说，实用意义会更大。

通过使用 BIM 模型，可以方便了解到冷机的运行，掌握类型、台数、板换数量、送出水温、空调机（AHU）的风量和风温及末端设备的送风温湿度、房间温度、湿度均匀性等几十个参数，方便运行策略研究，节约能源。

11.3.6　水系统设备

利用 BIM 模型可以对水泵启停、阀门的开启度、各管线的水温和流量，进行直观的监视。当用水出现异常情况可及时报警，减少损失。

11.4　安防管理系统

利用现代化的科学技术来建立完善的区域安全保卫体系，通过对区域的重要部位、场所安置摄像头，对这些重点部位进行监视、控制和记录。通过结合 BIM 模型，可以快速定位具体的监控点，对每个监控点实时查看。对于每个监控点，可以显示当前的视角范围，死角区域需人为重点排查。并且可以依据路线，显示指定路线的视频回放情况。

针对 B 端客户（物业管理方），使用手机移动端，可随时查看建筑内摄像头数据、门禁人员进出情况，进行安全巡检人员定位、巡检实时查看以及高清人脸公安识别等等，增加园区安全保卫功能。

11.4.1　视频监控

①协议接入现有楼宇监控室、中控室控制系统数据信息。

②三维可视化视频监控系统管理：可直观选择监控设备，实时监视现场信息，并可调取

相应位置历史视频信息等。

③视频监控与其他报警系统联动：可识别特定视频特征信息，并通过报警铃声、短信、邮件报警。

11.4.2 楼宇门禁

业主可以利用手机生成二维码发送给来访人员，来访人员通过扫描二维码进入楼宇，提高对来访人员管理的效率。

11.4.3 周界报警

根据无线信号传播，实现周界报警功能。

①人员信息管理。定位终端可与姓名、手机号码、WIFI MAC 地址关联，系统也可与第三方系统对接，获取人员信息。

②权限管理。系统可分权、分域管理。

③人员定位。人员位置实时监控，并且可以在电子地图上查看各个位置的人员信息。

④电子围栏功能。可在区内设置危险区域，当有人员进入该区域，系统可发出报警信息，通知监控中心和越界本人。

⑤轨迹查询。系统可记录人员的活动轨迹，可进行查询和回放。

11.4.4 电子巡更

可制订巡更人员计划、时间班次、路线安排、人员实时定位、应急措施、实时对讲调度、巡更记录等。对于保安人员，通过将无线射频芯片植入工卡，利用无线终端来定位保安的具体方位（楼、层、房间等）。

11.4.5 人脸识别

人脸识别技术是基于人的脸部特征，对输入的人脸图象或者视频流，首先判断其是否存在人脸，如果存在人脸，则进一步地给出每个脸的位置、大小和各个主要面部器官的位置信息。并依据这些信息，进一步提取每个人脸中所蕴含的身份特征，并将其与已知的人脸进行对比，从而识别每个人脸的身份。

11.4.6　车辆管理

利用视频系统和模糊计算，可以得到人流（人群）、车流的大概数量，可在 BIM 模型上了解建筑物各区域出入口、电梯厅、餐厅及展厅等区域以及人多的步梯、步梯间的人流量、车流量。当每平方米大于 5 人时，发出预警信号，大于 7 人时发出警报。从而作出是否要开放备用出入口、投入备用电梯、人为疏导人流以及车流的应急安排，这对安全工作是非常有用的。

11.5　消防管理系统

11.5.1　火灾报警

①可三维显示楼宇、楼层消防设施安装位置。

②可选择并调取、查阅设施可用状态信息及其他记录信息。

③可联动查阅相关监控设备信息。

④可通过 NB-IoT 压力传感器实时检测消防管网供水压力并上传数据至云端，如图 11-9 所示。消防管网压力检测系统是检测消防管供水状态的重要途径，利用 NB-IoT 压力传感器（图 11-10）可以实时监控网络的供水压力并完成自动报警。当压力太低时，能发现网络关闭、管道破裂等异常，可及时采取措施以减少火灾造成的损失。

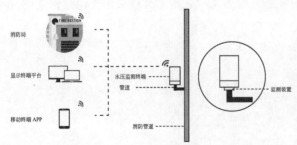

图 11-9　压力传感器运作示意图

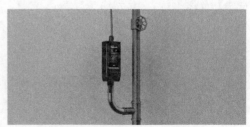

图 11-10　NB-IoT 压力传感器

⑤提高火灾应急处置水平。

11.5.2　自动控制

消防联动控制器处于自动状态时，消防系统动作状态可视化显示，并可实现通过平台对消防系统的控制。

11.5.3　消防设备

可在 BIM 模型中三维显示楼宇、楼层消防设施安装位置，当火灾发生时能快速找到最近消防设备展开灭火，及时扑灭初期火灾。

11.5.4　避难诱导

（1）疏散引导　对于大多数不具备乘梯疏散的情况，BIM 模型同样发挥着很大作用。凭借上述各种传感器（包括卷帘门）及可靠的通信系统，引导人员可指挥人们从正确的方向由步梯疏散，使火灾抢险发生革命性的变革。

（2）疏散预习　在大型的办公室区域可为每个办公人员的个人电脑安装不同地址的 3D 疏散图，标示出模拟的火源点，以及最短距离的通道、步梯疏散的路线，平时对办公人员进行常规的训练和预习。

11.5.5　应急管理

对于火灾应急处置是 BIM 模型可以成为最具优势的典型应用。以消防电梯为例，按目前规范，普通电梯及消防电梯不能作为消防疏散用（其中消防梯仅可供消防队员使用）。而有了 BIM 模型及前述的动态功能，就有可能使电梯在消防应急救援，尤其是超高层建筑消防救援中发挥重要作用。要达到这一目的所需条件包括：

①具有防火功能的电梯机房、轿厢、双路电源（采用阻燃电缆）或 UPS（EPS）电源。

②具有可靠的电梯监控，含音频、视频、数据信号及电梯机房的视频信号、烟感信号、温感信号。

③在电梯厅及电梯周边房间具有烟感传感器及视频摄像头。

④可靠的无线对讲系统（包括基站的防火、电源的保障等条件）或大型项目驻地消防队专用对讲系统。

⑤在中控室或应急指挥大厅、数据中心 ECC 大厅等处的大屏幕。

⑥可靠的全楼广播系统。

⑦电梯及环境状态与 BIM 的联动软件。

当火灾发生时，指挥人员可以在大屏前凭借对讲系统或楼（全区）广播系统、消防专用电话系统，根据大屏显示的起火点（此显示需是现场视频动画后的图示）、蔓延区及电梯的各种运行数据指挥消防救援专业人员（每部电梯由消防人员操作），帮助群众乘电梯疏散至首层或避难层。哪些电梯可用，哪些电梯不可用，在 BIM 图上可充分显示，帮助决策。

11.6 资产管理系统

可建立各类资产的 5D 数据库，并与楼宇 BIM 模型数据相关联，支持多种资产信息查询和统计，包括房屋和建筑资产、办公设备、专用设备、文物和陈列品、图书资料、运输设备、机械设备等。

依据指定资产 ID，三维空间展示相关资产的位置（楼、层、房间、通道、楼梯），可列表分类查询资产并链接空间位置展示，点击具体资产标识，可显示资产相关详细信息。

支持资产项信息维护管理，包括修改、增加、删除、移动等。可分类统计资产信息，并可链接显示三维空间分布情况。

11.7 环境监测系统

环境监测管理系统，又称环境监测信息管理系统（EMIS），是以计算机技术和数据库技术为核心，将获得的大量环境监测信息和数据储存在计算机中，运用计算机网络相关技术，结合其软、硬件系统，实现对环境监测信息数据的处理工作，主要包括数据的输入输出、数据的修改删除、数据的传输保密、数据的检索及计算等数据库技术的处理工作，并结合及运用多种计算机应用软件，从而构成一套复杂有序的、具有多种功能的数据信息管理系统。

11.7.1 绿色建筑分析

随着加快建筑信息模型在工程行业应用的提出，BIM 技术与建筑节能的结合——Green BIM 已是大势所趋。在 BIM 软件中建立的模型可直接导入绿色建筑分析软件中进行相关研究，为能耗分析提供便利。在软硬件的技术支持下，BIM 技术与能耗分析完美契合，BIM 技术已成为建筑能耗分析的重要工具。

①对理论背景进行了解与初步掌握。加深理解当今建筑能耗对国家、经济、能源的影响；其次，通过对 BIM 技术与建筑能耗模拟软件的综述，确定相应建模、模拟软件。

②采用 Autodesk Revit 对建筑进行建模。Revit 作为 BIM 建模领域领先软件之一，具有强大的建筑、结构、管线建模功能，能够较为逼真地还原案例建筑的真实状态，保证了准确性。

③利用不同能耗模拟软件对目标建筑进行能耗模拟。基于利用 Revit 建立完成的模型，通过不同的格式分别导入 Ecotect、eQUEST、Green Building Studio 中，经过天气参数与费率等设置，各软件输出其对案例建筑能耗的模拟结果，得出能耗来源。

④实地调研。实质上此步与上一步同时进行。采用问卷调查、实地调研、资料收集等方式获取目标建筑在某一时间段内真实的能源消耗情况，并对建筑使用者在能源使用习惯上进行探访；实地调研所获取的该建筑真实能耗结果将用于与原项目模拟结果进行校验模拟比较，验证设计输出结果的准确性，若模拟结果误差在可接受范围内即可继续下一步研究，两者间差距较大无法接受时则要求重新对目标建筑进行能耗模拟。具体流程如图 11-11。

⑤通过与真实数据相比，在最终获得的准确模拟结果中，将挑选其中主要能耗来源进行能源优化分析，设计出该建筑最佳能源方案。目标建筑的能源优化设计主要通过 Green Building Studio 生成不同的替换方案，从中选择最优者；完成上述所有任务后，对原设计能耗模拟结果进行比较评价。最后，得出优化设计方案和软件使用建议的结论。

11.7.2 环境管理

办公或工作环境的管理随着人们生活水平的提高，不断得到人们的普遍重视。环境管理包括三个阶段：建筑建造阶段的环境管理，建筑使用阶段的环境管理以及建筑拆除阶段的环境管理。

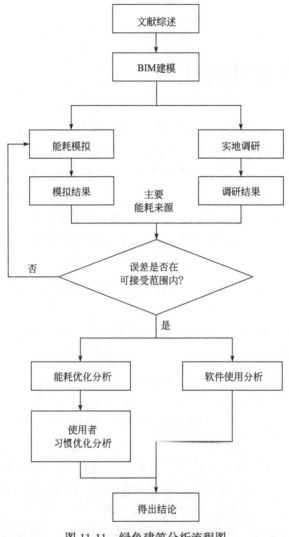

图 11-11　绿色建筑分析流程图

（1）建筑建造阶段的环境管理　包括施工阶段的安全、空气（$PM_{2.5}$）、扬尘、噪声、车辆、塔基、固体排放物等的管理。

（2）建筑使用阶段的环境管理　包括建筑使用阶段的环境管理，如空气温湿度、空气品质、空间影响、装修污染、用电安全、消防应急、卫生间换气次数、开水间热水品质、吸烟室通风、办公照明、疏散照明、应急照明、人际关系、视觉感官等，从人的自身感知层面出发关注的室内声、光、热、氛围等的环境控制。

（3）建筑拆除阶段的环境管理　指建筑拆除的噪声、粉尘、隔震、爆破、残值回收、固体排放、运输等一些列为建筑周边及环境有利出发点而考虑的第三方管理咨询。

11.7.3　健康管理

健康管理指为贯彻《中华人民共和国职业病防治法》，预防和消除职业病的危害，保护从业者的身体健康，而进行的有毒、有害、噪声等危险场所的职业健康管理。

11.7.4　安全管理

安全管理是指物业管理公司采用各种措施和手段，保证业主和使用人的人身财产安全，维持正常的生产生活秩序的管理活动，包括治安管理、消防管理和车辆管理三个方面。

第12章

BIM-FM 实施案例

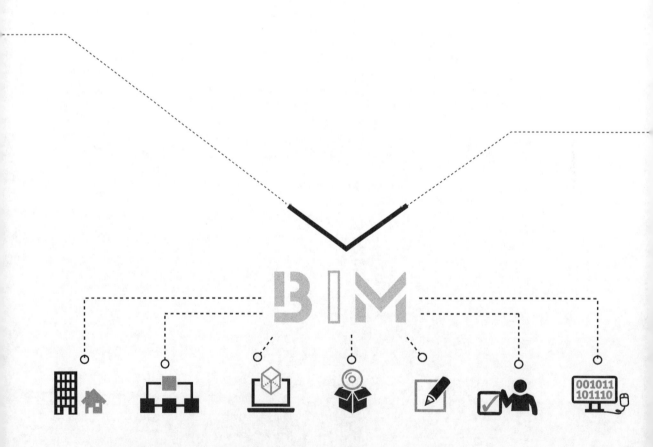

本章将详细介绍在 BIM-FM 整合中发挥显著作用的几个案例研究。它们代表多种类型业主早期通过将 BIM 连接到 FM 系统所带来的好处。这些案例研究强调，需要靠规划、技术与协调来实现在 FM 上成功地使用 BIM。但它们较少强调 BIM 在建筑、工程与施工作业上的运用，因为在很多其他地方都有论及这些问题。此外，这些案例涉及工程参与者之间不同类型的合约。在 BIM-FM 整合的早期阶段，没有所谓的"标准"方式来达到好的绩效。然而，每个案例都讨论到一些重要的指导方法以及在实施过程中所得到的经验教训。

12.1 MathWorks 公司扩建工程

12.1.1 工程概况

MathWorks 公司是一家专为工程师与科学家使用数学软件的领先开发商，计划在他们的企业园区新建一座建筑以适应公司的发展、员工的需求，并提高客户的满意度。其扩建工程包括在现有的立体停车场上增加新的一层，可增添 855 个新的停车车位，并建造一个建筑面积约 176000 平方英尺（1 平方英尺 = 0.092903 平方米），四层楼的办公楼建筑。此外还包括整合新的与现有的设施。该工程的目标是建造一个节省能源并且能够提升使用者生产力的建筑，来容纳越来越多的员工与访客。新的建筑与翻新将增加 800 个员工座位。全部完工后，整个园区将可容纳 2500 人。

在他们采购与合约的条文中，MathWorks 公司强调建筑信息建模（BIM）是为符合这项工程合约的关键因素。为了设计与建造新的建筑，MathWorks 的设施团队与 SG&A（建筑设计事务所）、Gensler（室内设计师）、Cranshaw Construction of New England（总承包商）、Zelm Engineers（机械工程师）、Vico Software（BIM 顾问）、FM:Systems（FM 软件）、IDGroup（数据中心顾问）以及 National Development（开发商）一起配合。由于这个团队的协作，让 MathWorks 公司认识到他们能培育一个注重创新、学习与团队精神的企业团队。他们设计、施工、与设施管理的团队的运作模式，已经被证明能有效地实现各自的目标。

12.1.2 工作流程

该工程突显出支持 BIM 与 FM 整合所需流程与技术的创新，虽然他们的合约中只规定了一个提供 BIM 模型的基本要求。在工程过程中 MathWorks 公司意识到，须要对交付做更详细的定义。虽然总承包商与它的分包商团队，非常擅长自己的核心专业，但各公司在 BIM 方面却有不同的成熟度。这最终导致 MathWorks 公司要求 SG&A 帮他们去找一个 BIM 的顾问，来协调在施工阶段所有各方之间模型的建模。后来 SG&A 找到 Vico Software，MathWorks 公司便雇用他们来管理这方面的协调。从长远来看，MathWorks 感觉这样的投资是有它的价值的，他们总共建立了五种不同并且整合在一起的 BIM 模型。用来协调施工的主要 BIM 软件是 Autodesk 的 Revit，另外 MathWorks 的空间与维护管理系统用的是 FM:Interact，而 FM:Interact 在 2012 年 5 月发布的一个主要增强功能是它与 Revit 的整合，此工程是新技术的一个试点计划。

新的技术提供了工程团队更好的方法，来分析他们传统工作流程中的优点与障碍，为改善流程铺路。新技术中的一个基本好处是，工程采用综合项目交付（IPD）的方式。例如定点协调，每周召集所有相关各方，如果不能亲自到场，便是通过 Web 来举行协调会议。这将帮助团队在现场发生问题之前就能先发现并加以解决，避免潜在的成本损失与工程延误。除了建筑系统精确地建模，以避免施工过程中现场发生冲突外，还直接把设备型号、制造商以及其他属性的数据元素输入到 BIM 模型，省去建筑移交后人工输入操作与维护数据的麻烦。让工程团队在入住前，就把完整与精确的 FM 信息交到业主的手中。

在施工过程中，该工程在充分整合 BIM 与 FM 上面临两大困难。第一个困难是，从传统的 2D 施工文件转换到新的以数据为中心的 3D 施工文件。虽然许多建筑、工程与运维的公司已经采用了 BIM，但是许多分包商仍然使用以 CAD 为基础的产品，因此在整合他们的数据时造成许多问题。该工程面对的第二个困难是如何决定 FM 模型数据的细节。由于 FM 与 BIM 整合的技术仍在不断地演变，有必要概述实施这些流程所需的步骤或指引。尽管存在着这些障碍，MathWorks 的扩建工程仍是一个精心策划、企图迈向 BIM-FM 技术整合的一个里程碑项目。

12.1.3　工程团队

MathWorks 扩建工程团队由数家公司组成，其中大部分是当地的公司，非常熟悉当地的规章制度。表 12-1 提供参与设计、施工与设施管理服务主要公司的名单。这些团队成员间的关系如图 12-1 所示。

表 12-1　工程团队成员

角色	成员
建筑设计事务所	Spagnolo, Gisness & Associates（SG&A）
室内设计师	Gensler
总承包商	Cranshaw Construction of New England
机械工程师	Zelm Engineers
BIM 顾问	Vico Software
FM 软件	FM: Systems

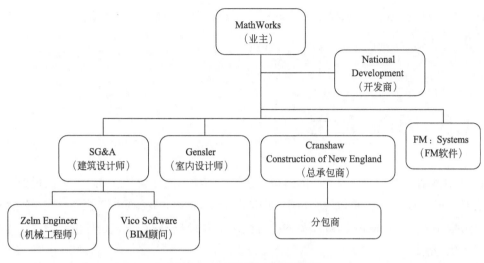

图 12-1 工程团队间合作关系

12.1.4 业主与 FM 人员职责

SG&A 的建筑负责人从工程的一开始便极力拥护使用 BIM。在 MathWorks 公司了解到更多关于这项技术后，业主觉得这个工程建立 BIM 模型是很有道理的。起初，设计阶段目标是让所有的设计工作都能够使用 BIM，但是随着工程的进行，发现所有设计与施工团队的成员，用 BIM 进行设计的能力并不相同。并且不能光靠一个 BIM 模型，必须用到多个关联的模型来描述建筑的各个方面。SG&A 用 Revit 设计建筑构造，而 Gensler 公司做建筑的室内设计。Zelm Engineer 工程师使用 AutoCAD 来设计机械、电气、给排水（MEP）系统。Vico Software 担任 BIM 的协调，模拟所有建筑系统，并且不断地更新这些模型。

MathWorks 公司从一开始就参与制定设施管理的需求。MathWorks 公司的团队是一个决定"哪些数据将被收集并纳入到模型中"的整体决策单位。然而，他们面对的挑战是，虽然每个人都推荐使用 BIM，但并没有很多的案例研究或过去的工程可以借鉴来整合 BIM 到 FM 中。起初，该团队的要求是非常开放与含糊，鼓励人多的信息被纳入到模型中。在意识到这一点后，MathWorks 的工程经理便仔细根据"什么是对建筑物的设计与未来运作最为实际与有用"来评估哪些数据是应该被收集的。最后，MathWorks 公司要求建筑师、工程师与承包商交出一个实用与完整的 BIM 模型，能够详细到每种类型设备所需特定数据的地步。MathWorks 公司还提供了他们内部空间、资产命名、编号与分类的标准。由于 BIM 仍然是一个新技术，一些建筑、工程与施工（AEC）的团队成员并没有足够的实务专业知识来建立一个功能完备的模型。虽然机械承包商有一个有实务经验的 Revit 团队，但他们仍然选择聘请 Vico Software 以确保他们 BIM 模型在细节上能够更加精确。在设施管理方面，设备的配置是不可或缺的，MathWorks 要求模型中设备配置与实际安装位置的误差必须在 1 英寸（1 英寸 = 0.0254 米）以内。

12.1.5　BIM 应用

BIM 模型细分为五个不同关联的模型：建筑、结构、室内设计、MEP、家具设施。在工程完成时，Vico BIM 咨询单位将交付给 MathWorks 一个完整整合的竣工模型。在工程完成以后，MathWorks 公司将保留 BIM 模型的拥有权，作为 FM 作业与未来设施更新使用。信息流程如图 12-2 所示。

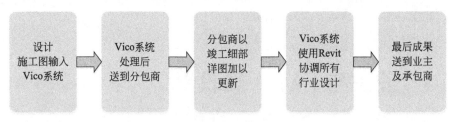

图 12-2　信息流程

12.1.5.1　FM 软件——FM:Systems

FM:Systems 是一个基于 Web 的软件系统，用来帮助改善空间与住户的管理，同时降低设施成本与提高生产率。FM:Systems 产品团队与 MathWorks 一起合作，通过加强他们 Revit 的整合来满足 MathWorks 公司的要求。MathWorks 目前使用的一个 FM:Systems 产品，是利用 AutoCAD 的图纸，而不是 Revit 模型。在入住新建筑前，MathWorks 公司将使用 FM:Systems 最新的软件，使之能够与 Revit 模型整合在一起。

12.1.5.2　BIM 支援 FM

作为业主，BIM 与 FM 整合的主要目标是最终能帮助更好地管理设施。有了 BIM 与 FM 的整合，FM:Systems 软件可提供多项功能，包括计算设施使用者的成本、管理空间、维护设备以及提出可能节省能源的证明。由于 BIM 模型能够与设施管理模型整合在一起，例如整理资产、记录库存，并建立预防性维护，使得建筑的运营与维护能得到有效的改善。

在过去，当问题发生时，MathWorks 是使用较为应对式、人工的方法来维护、评估与处理问题。他们选择这个新的整合软件的一个目标是采用预防性维护的方法。FM：Systems 可以支持预防性维护与资产管理。BIM 模型能够与设备型号、性能以及制造商的信息一同建立在一起。MathWorks 公司仍在发展他们的资产清单以及他们打算使用 BIM 模型中的额外信息。

由于 BIM 与 FM 整合是一个相对较新的技术，MathWorks 公司正在试着让设施管理人员使用这个软件，他们将接受 FM:Systems 的训练，学习如何使用该软件并且随时都能更新 Revit 的模型。

就成本方面来看，受到支持 FM 数据交付的发展程度限制，在这个工程上使用 BIM 比传统使用 CAD 绘图更加昂贵。然而，MathWorks 公司设施经理表示，工程额外成本小于一个典型变更的费用。因此，MathWorks 公司预计在施工过程中，透过减少设计变更的数量，将可以完全回收他们所做的投资。此外，业主相信使用 BIM 的额外成本，将明显低于传统将数据重新输入维护管理设备的费用。透过整合 BIM 与 FM，在建筑物入住前，MathWorks 公司将建立一个全方位的预防性维护计划。MathWorks 公司表示，在传统的工程，维护数据可能需要花上几个月甚至几年时间来用人工输入。到目前来看，MathWorks 公司打算更新其现有设施所有 2DCAD 到 BIM，这项工程可能会透过内部人力资源来完成，转换到 BIM 的工作将会分阶段逐步实施。

12.1.6　工程技术

Autodesk 公司的 Revit 软件是此工程所选用的 BIM 软件。由于 BIM 与设施管理软件系统之间的整合是一项新的技术，MathWorks 公司与 FM:Systems 都从这样互动的关系中得到好处。由于这个工程的关系，FM:Systems 最近加强了他们与 Revit 整合的软件，能够接受 Revit 为了要在设施管理中使用所建立的 BIM 数据与几何形状。

这个 BIM 整合的软件组件将允许：透过 Revit 来监督空间管理模块的库存、分配与入住；在 Revit 模型中协调设施维护模块建筑系统数据与建筑构件；从 Revit 模型发布平面图到 FM：Interact，让有关各方可以在 Web 浏览器中检视这些平面图。

FM:Interact 协调实时信息来分析与存取属性、设施和维护的需求。它由三个主要的模块组成，分别是：空间管理、策略规划、资产管理。其他可用的模块包括：房地产投资组织者、搬迁管理、工程管理、设施维护管理以及永续发展。新的永续发展模块，能够促使环境影响与财务影响的平衡，并且协助管理能源效能的关键信息、建筑认证以及永续发展（如能源改造）的工程。

FM:Interact 的实施让 MathWorks 公司得到极佳的成果。使用该软件，两位设施专业人员利用两周就毫无困难地搬迁了 500 多名的员工，这是一个令人印象深刻的壮举。如果没有 FM:Interact，这项搬迁很可能需要花上几个月、使用一个更大的团队与消耗更多的人力资源。另一个重要的成就是，高层执行单位愈来愈接受 MathWorks 空间规划团队的意见。有了 FM:Interact 报告的帮助，高层团队与空间规划管理之间的对话，已经从仅仅谈论"容量 / 人数"的准确性到开始讨论公司需要更大的空间、哪些单位会受到影响、哪些是严重受影响的位置等。

12.1.7　协同工作

从工程的概念阶段开始，设施经理便与设计团队一起参与协作的工作。MathWorks 公司使用 COBie 标准，作为建立他们的 BIM 交付指引的参考来源，但并没有使用 COBie 来传递数据。因为工程团队是用 Revit 来建模，他们使用 FM:Systems 直接与 Revit 整合来同步模型数据到他们的系统。BIM 软件也带动了协作的流程。Vico Software 是被聘请的第三方公司，他们把所有 BIM 的模型结合成一个完整的模型。所有 SG&A 建筑公司、Zelm（MEP）工程公司，以及 Cranshaw 施工承包管理公司的设计文件和图纸，透过 Vico 转到各个分包商。之后 Vico 再回报给 Cranshaw 做协调工作，同时也回报给 MathWorks 公司作为 FM 的模型。

12.1.8　实施经验与难点

MathWorks 公司设计团队的一般共识是，在工程竣工前还无法做出时间、成本与质量方面经验的评估。不过可以看得出来，除了设计团队的协作努力外，早期冲突检测的确是可以节省成本。截至目前，MathWorks 公司已经在一个测试系统上整合了 BIM 模型与 FM:Systems 的软件，但是当连接到他们实际作业的系统后，他们并没有计划去完善这样的整合。设计团队表示，最大的问题是在许多过程中他们似乎是在做盲目的事情，对于如何进行整合没有头绪。

到目前为止所学到的最关键的教训是，没有任何既定的规则可循。由于设计团队目前正在学习与记录逐步发展的过程，下一个工程将有希望能够更加简化。正如设计团队所说的，希望能够得到在工程移交后运维阶段的实施经验。

12.2　南加州大学电影艺术学院工程

12.2.1　工程概况

南加州大学（University of Southern California，USC）的电影艺术学院工程是一个成功运用 BIM-FM 工程案例。本工程六栋建筑物构成的综合体，建于三个不同的阶段。

第一期包含电影艺术学院 A 栋，此建筑包含了 137000 平方英尺的教室、制作实验室、行政办公室、一个有 200 个座位的剧院、一个展览厅以及一间咖啡厅。该建筑做到了提前完工并低于预算，主要原因是团队协同工作，使用整合的方法大大地减少了返工的次数；第二个原因是使用 3D 模型增加团队检视与改善施工流程的能力；第三个缩短工期的重要原因是使用 BIM，进而允许许多的结构组件得以先行预制。

第二期包括电影学院 B、C、D、E 四栋建筑，以及一个额外的 63000 平方英尺的教育与生活空间。该工程也是提前完成的，主要的原因是使用 BIM，进而允许许多钢结构构件得以先行预制，因此减少了 30% 施工的时间。

第三期为电影学院 F 栋建筑，这一期建筑面积约 80000 平方英尺，主要是包含计算机与多媒体技术以及教学实验室。该建筑也将被用于教学以及游戏与电影技术的研究。该工程的建筑分布示意图见图 12-3。

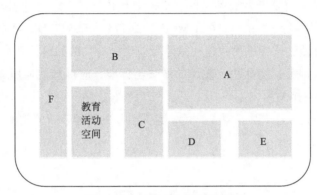

图 12-3 工程建筑分布示意图

12.2.2 工程实施摘要

12.2.2.1 工程获得的成就

工程的第一阶段是以施工为主的 BIM 应用阶段。在第一阶段，学校的资本建设处（CCD）与设施管理服务处（FMS）真正开始了解 BIM-FM 的潜在价值。第二阶段是以设计 BIM 为中心。在这个阶段，设计者师需要能够运用 BIM 辅助设计。第三阶段被认为是以设施管理为中心应用 BIM-FM 技术。

从这个三阶段工程中得到的主要成就包括：

①发展出一个使用多个业界常用标准方法的 BIM 指引，标准包括国家 CAD 标准、COBie 标准。这些指引提供工程利益相关者在执行其服务与完成符合 FM 目标交付的一个框架。

②了解到对于 FM 最重要的信息是从 BIM 模型中获得的数据。3D 图形模型则是次要的。

③发展设施管理门户。以 FM 人员的需求来建立门户，让他们能够更容易找到信息。

12.2.2.2 工程中的困难

工程中面临的一个最大的挑战，是在工程完成后找出 FM 所需的资源来更新竣工的建筑模型。这些模型是设施管理决策与建筑操作故障排除所需要的。这些 FM 系统需要取得精确的实时数据而达到目标，其无法透过参考 2D 静态竣工图与收尾文件来满足。需要额外的技术与人力资源来支持模型的管理以及其相关信息。此外，需要新的 FM 流程来支持 BIM 与 FM 的整合。

此工程的关键技术包括 BIM 软件——Revit Architecture、Revit MEP、Tekla Structures；整合软件——Navisworks Manage 与 EcoDomus；FM 系统——设施管理信息系统（facility management information system，FAMIS）、Enterprise Building Integrator、Meridian Enterprise。

最重要的经验教训包括：

①新的流程不见得需要开发新类型的软件来取代传统的 FM 信息系统。在某些情况下，它完全是更有效地使用现有的 FM 软件（CMMS、CAFM、BAS 与 DMS）的问题。

②有关使用什么做法或标准的建议往往是因人而异的，例如设计师会喜欢使用那些用在设计上的传统标准。因此，团队决定使用的做法与标准，应该能代表所有主要利益相关者，也包括那些 FM 的利益相关者。

③ BIM-FM 并不是一个开发成熟的产物。它需要新的流程、新的技术以及新的沟通渠道。

12.2.3 实施 BIM-FM 的目标

本工程要求从项目开始就使用 BIM 技术。许多工程团队成员是根据他们过去在 BIM 方面的经验而入选，特别是在设计与施工过程中用它来做冲突的检测。然而，对于许多南加州大学设施管理服务处（FMS）的成员来说，这是他们第一次接触到 BIM，他们从中感觉到的好处是能够在一个单独的 3D 模型中检视机械、电气、消防安全与给排水的系统，包括它们之间的相互关系。这对 FMS 特别重要，因为几乎所有建筑中的维护都是在同一个系统中进行。此外，在执行冲突检测时，明显看出模型包含了大量的信息，其中大部分有可能用于下游的设施管理决策。

当工程刚开始时，工程的任何阶段都没有恰当把 BIM 作为正式指引。因此，南加州大学团队把建造这个综合体为契机，来决定如何使 BIM 用于设施管理流程，同时也通过 FMS、顾问与承包商间较好的沟通来改善工程交付的流程。

随着工程的进展，开始逐渐应用 BIM 技术。在工程第一阶段，FMS 单位开始理解 BIM 如何用于设计与施工，其中包括：

① BIM 怎么提供建筑结构与建筑系统精确的 3D 显示。

②在设计与施工过程中，BIM 如何提供更高品质的文件数据，来支持协调工作。

第一阶段 BIM 的使用作为第二、三阶段使用 BIM 的参考。虽然在第一阶段 FMS 开始了解 BIM。但是直到施工前，他们并没有开始积极参与这个过程。到了施工时，团队开始看到一些 BIM-FM 的优点，以及 BIM 如何在施工过程中帮助解决各种挑战。因此，FMS 成立了一个小组，以 BIM 为主来追踪工程的进展，并决定如何将它用来支持 FM。该小组的一个主要焦点是决定怎么使 BIM 与现有的 FM 技术与流程整合在一起。

在第三阶段，分包商之一的 CSI 电气承包商，利用 Revit MEP 软件制作了施工详图，包括地下与高架的配电、管线穿透、设备配置。使用相同的软件来仿真 1.25 英寸或更大直径的配线导管、电缆托盘与导管支撑架子。使用 Revit MEP 中电力馈线明细表的功能，能够更精确地决定馈线的长度，以便更精确地制作人工与材料的预算。虽然 CAD 也可用于支持这样的流程，但发现使用 Revit MEP 能更容易地完成。

Revit MEP 的另一个应用是根据区域来支持电器组件的制造与包装。例如，在特定区域内的照明灯具可以从制造商的包装中取出，并安装适当长度的电线到这些灯具。这加快了现场安装的速度，并减少施工现场的浪费。Revit 支持这样的过程，是因为它可以快速识别一个特定楼层灯具的数量。

当工程的每个阶段逐步完成，协作工具的使用也变得更多。在第一阶段，面对面的团队协作是协作最常用的方法。第二与第三阶段，虚拟方式的协作，如网络会议软件，用来补充面对面的协作。团队改成大约每个月一次的面对面协作会议，剩下的会议则采用虚拟的方式来进行。虽然虚拟协作被认为是非常有效的，但仍被认为只是使用虚拟协作是不可取的。有些协作最好还是透过面对面的沟通。如果没有定期面对面的沟通，工程团队可能会脱了节。

12.2.4　工程使用的软件

在所有三个阶段的过程中用到许多不同的软件，它们可以分为：BIM 编辑软件、协同软件、中介软件、设施管理软件。在本案例研究中，用到的特定软件包括以下几种，如图 12-4 所示：

图 12-4　BIM-FM 应用软件

12.2.4.1 BIM 编辑软件

在第一阶段，一起使用 BIM 与 CAD 软件来完成设计与施工的文件。使用 Revit 建立建筑与结构的设计图，MEP 的图则是用 CAD 来建立。

当工程进入到第二阶段，便开始要求所有的文件使用认可的 BIM 编辑软件来开发。南加州大学决定以 Revit 软件为主，而结构方面采用 Tekla 软件（图 12-5），Tekla 已经在全世界广泛地用来结构详图的制作。当 Tekla 同时被设计师与承包商使用时，它将有助于改善结构设计师与施工承包商之间的沟通并减少他们重复的工夫。此外，当相同的软件用于设计与施工，可以让设计师有更多的机会在设计意图外提高图面的质量，并可以与承包商合作，在他们的设计中讨论一些可施工性的问题，作为施工前努力的一部分。像这样，设计师与承包商采取整合的方式一起作业是格外重要的。

图 12-5　Tekla 软件界面

即使使用两个不同的 BIM 编辑软件产品——Tekla 与 Revit，仍可以用 Navisworks 来协调模型。在第二阶段，设计师提供充分协调过的设计文件，其中包括建筑、结构、MEP 的图纸。为了避免这些图中的冲突，常常需要把风管或导管从它们初始建议的位置移到一个更适合所有系统配置的位置。使用这两个 BIM 编辑软件的自我检查功能，再加上 Navisworks 的冲突检测功能，使得策划的文件能做更彻底的协调。

随着工程进展到接近第二阶段的尾声，开始对 BIM 做更详细的要求，并且建立 BIM 的指引。部分 BIM 的指引将包括，从 BIM 模型中使用参数化属性来产生设备与组件的明细表，不像其他工具如 Excel 以人工方式输入数据来建立明细表。在 BIM 编辑软件中，可使用设备相关的族群以及它们类型或单独个体的参数来建立这些明细表。并允许这些数据导出到一个中介软件，再进一步汇入到他们的 CMMS 系统。在编写本案例研究时，数据可以从 BIM 汇入到 EcoDomus。

从 Revit 中产生明细表是很重要的，因为它迫使使用者正确地使用 BIM 编辑工具，然后把明细表中正确的数据导出到标准格式的档案，如 ifc 格式或 COBie 格式。最后，这些档案可以输入 CMMS 与其他设施管理信息系统。

12.2.4.2 协同软件

为了有效地管理送审数据、响应请求、BIM 以及所有其他工程文件，在第三阶段过程中使用 e-Builder，其是一个以 Web 为基础的工程管理软件。e-Builder 的文件部分形同一个利用 FTP 网站存取的数字交换伺服器，能够追踪与记录档案被送交和被编辑的时间。e-Builder 有超乎档案管理的其他功能，例如依照南加州大学的工程管理与通信标准来设置表格与处理作业。

12.2.4.3 中介软件

中介软件是一种能让两个不同软件包彼此交换信息以及连接应用程序的软件。由于支持 FM 的信息是从整个设计与施工过程中收集的，中介软件可以用来帮助聚集与管理这些信息，并且为了改善分布这些信息或让它们与设施整合而包装它们。在本工程中，Navisworks 用于碰撞检测，而 EcoDomus 是用来从 BIM 编辑软件中输出管理咨询。Navisworks 允许团队接收设计与施工多种格式 BIM 模型的档案，并将它们合并成一个主模型。

EcoDomus PM 是一个中介软件，它在第二阶段以及在第三阶段用来支持数据收集与软件之间的整合。它也可以用来作为一个文件的中央登录与储存库，随后被移交给业主。收集到的信息可以被保留在数据库中或导出到其他的地方，像是一个 FM 的信息系统。它用 COBie 来实施质量控制与数据验证流程，来提高收集正确格式数据的准确性。COBie 提供了一个结构，可以按照所需最少数据与文件内容来决定哪些信息是必须收集的。EcoDomus 从许多软件系统汇入数据，例如不同的 BIM 编辑软件，然后将它们储存在数据库中。BIM 的数据可以从模型中导出，然后储存在 BIM 外面的数据库以减少 BIM 档案的大小。例如，在工程收尾前，设计师与承包商可以将信息加到 EcoDomus 记录中，然后用它来把信息导出到一个 FM 系统。

对于其他的各种用途，例如数据与文件的质量控制与进度报告，南加州大学提出从设计施工到收尾都要充分利用 EcoDomus PM，来收集所有类型的数据，并且在它们导出到其他系统（主要是 CMMS）前能够事先验证这些数据。

EcoDomus FM 可以提供与其他软件包双向数据的流通，如 FM 信息系统。它可以使用从 BAS 服务器传来的数据，该服务器是管理与显示设备传感器和仪表的数据，然后与 BIM 模型一起显示这些数据。要连接不同 FM 软件之间的数据，可以使用两种方法：超链接或数据整合。

数据整合是软件间交换数据的一个方法，例如 BAS 建筑自动化系统可以显示室外空气的温度。透过数据的整合，相同的数据也可以直接在 EcoDomus 中看到。透过 EcoDomus 来代替 BAS 查看数据可以节省时间，因为使用者不需要浏览 BAS。就数据的观点来看，它能够与其他的 FM 信息系统整合与同步。

12.2.5　BIM 应用指引

南加州大学 BIM 指引的目的是定义南加州大学新建工程、重大翻新以及其他工程 BIM 的交付。其中一些关键的主题包括：

①审查与验证 BIM 职责内容。

②定义 BIM 执行计划的要求。

③用文件记录 BIM 编辑工具的要求。

④ COBie 的使用，包括所需的数据。

⑤用文件记录每个工程阶段的要求，包括：设计构思、设计发展、施工文件、招标、施工与移交。

该指引的附录中包含了很多详细的与有用的信息，例如哪些元素应该进行建模以及理想建模的详细程度，有关 Revit 共享参数档案的信息，信息数据的命名与分类以及明细表数据的规范。

12.2.5.1　决定收集哪些数据

从 BIM 模型中得到的数据对 BIM、FM 最有价值。然而，要获得这些数据，有必要修正目前设计与施工的流程来支持数据的收集。施工文件中的设备明细表必须提供很多必要的信息。重要的是，要考虑如何使用这些设备明细表中的信息来进行维护、故障排除与零件的更换。此外，材料列表中的信息是很有用的，因为如果交货时间在超过两天的情况下，可以用它来判断哪些组件是应该维持在库存中。保修信息也很重要，它们并不是放在设备明细表中。在某些情况下，设备更换的零件以及保修起始日期与结束日期特别重要。

决定好要收集哪些数据后，要为每个专业定义建模必需的元素，主要是针对包含了许多需要重大维护的组件与设备。这些设备包括建筑、结构、空调系统、电气系统、给排水与消防、重要特殊设备以及基地管线设施。BIM 模型从设计时间到施工阶段，模型详细程度（LOD）将逐渐增加。建模所规定的详细程度决定了几何的精确程度。另外要对关键设备的连接作出适当的定义，这些连接是用来分布这些系统（空气、水等）服务的入与出。

为了最终运维阶段资产的管理，FMS 在数据组织上建立了四个类别，它们的依据如下：

①主属性，指建筑元素必须的基本属性。

②清单属性，指设备明细表中所有典型的规格信息，可以用来进行维护、故障排除、更换特定资产的信息。

③标准 COBie 属性，指所有被认为是标准 COBie 工作表中的属性，对 FMS 来说都是很重要的，例如保修信息、材料清单信息等。

④业主增加的属性，这个类别是 FMS 指定的其他属性，可能不会在设计模型中找到。它们可以遵循 COBie 扩展属性架构来建立。

这四个类别在工程的设计、施工与移交的过程中，应该由 FMS 规定怎么交付收集到的数据。在本工程中，主属性与明细表属性必须是在设计模型中取得。其余两个类别大部分的数据则是由承包商在施工期间与工程收尾时来记录。

12.2.5.2 数据标准

在现阶段，决定使用什么命名与分类标准是很困难的一件事。可以选择的标准有 Omni-Class、National CAD Standard、MasterFormat 以及 COBie 等，具体用什么标准要根据项目特点来选择。在本项目中，最后决定是使用 OmniClassTable 23 作为设备的命名，使用 National CAD Standard 3.1 版本作为设备缩写、类型与个体的命名。

12.2.5.3 COBie 应用

FMS 在第二阶段期间开始熟悉 COBie，在第三阶段期间开始应用。工程团队认为 COBie 是一个一致的、容易识别的架构，让整个工程团队的相关各方收集可用于设施管理的信息。因此，COBie 被包含成为南加州大学 BIM 指引的一部分。

南加州大学 BIM 顾问要求，设计团队送交的设计数据是 COBie 兼容的 Excel 档案。为了满足这个要求，他们可以直接把数据输入到一个 Excel 档案或是使用 EcoDomus 自动从 Revit 模型抽取 COBie 的数据。对于拥有大量数据的项目，选择第二个方法更为精确与安全。提供数据后，业主依照 COBie 要求来检查数据的质量。南加州大学 BIM 顾问也要求施工团队送交他们所属的 COBie 数据。为了满足这个要求，他们直接将数据输入到一个 COBie 兼容的 Excel 档案中。

FMS 目前正在测试使用 EcoDomus PM 自动从 Revit 模型中抽取 COBie 数据。EcoDomus 提供了一个更容易与更精确收集这些数据的方法，只要在 Revit 模型中已经正确地输入了这些数据。

为了要进一步组织 COBie 数据，南加州大学 BIM 顾问建立了三个层级的信息：

①第 1 层级，在整个工程期间需要出现在设计模型中，并且一直是需要保留的数据。

②第 2 层级，是那些通常不被包含在模型中，但作为平衡 COBie 标准要求的信息。这些信息将在整个工程期间被收集与保存在 COBie 工作表中。

③第 3 层级，收尾文件，是 COBie 所要求的文件，如运维手册。

跟据 BIM 的指引要求，需要建立一个 COBie 兼容的主工作表，而它会在以下的工程阶段进行更新：设计文件 100% 完成；施工文件发布；工程 75 % 施工完成；验收完成；工程收尾。

12.2.6 BIM-FM 工作流程

（1）关键步骤 为了实施 FM 与 BIM，有必要先了解目前 FM 的工作流程，以及进一步使用 BIM 信息时可能会需要做什么样的改变。以下总结了其中几个关键的地方：

①开发设计与施工团队用来参考的指引说明。

②建立一个与所有主要顾问有关的回馈回路来支持模型的协调。

③所有主要设计单位在发布模型之前需要执行冲突检测，以确保文件做最低程度的协调。

④设计模型的详细程度必须达到业主的要求。

⑤移交给承包商的设计模型能够以它们原生的格式使用。

⑥有关如何传输初始数据的说明，其中包括应该同意什么样的数据与格式，数据将如何获得与维护。

⑦用文件说明，在详细的大样与组装图获得批准后，它们应该提供给设计团队来更新设计的文件。这个过程包括使用模型混搭技术来识别两种模型间的差异，来进行设计与施工模型间的冲突检测。这个过程包括核对设备、系统配置以及系统与设备相关的数据。

⑧在送审获得批准后，设计模型中的数据，尤其是设备的参数属性，由设计团队更新，以反映采购与安装在现场的实际设备。设计团队需要每月公告记录有关业主要求的工程变更，承包商应确定哪些 BIM 模型是需要修改的。

⑨用文件记录整个施工期间所发生的详图以及组装图的冲突检测。

⑩用文件记录所有应该移交给 FMS 的模型。FMS 需验证这些模型的完整性。

⑪用文件记录所有的工作表，如 COBie。将它们移交给 FMS 来验证它们的完整性。

（2）建立一个设施管理门户 门户的整体目标是能够更容易地找到文件，特别是针对那些不常使用 FM 系统的人员。3D 模型与 BIM 的信息都是门户概念的一部分。门户的开发是为了满足设施管理使用者团体的需求，特别是设施经理与技术人员。因此，透过许多设施管理团队成员间内部的讨论来决定门户的需求。

首先需要明白的一个关键是，FM 与 BIM 的门户是复杂的，期望在开发过程的第一阶段就能识别所有的挑战与需求将是不切实际的。南加州大学在第二阶段开发门户的工作是具有前瞻性的思维，考虑到实施 FM 的软件如 CMMS 与 CAFM，往往不能满足使用者最初的期望。

①第一阶段门户。门户的概念是由一个倡导使用 BIM 的委员会在第一阶段期间发展出来的。这个第一阶段的门户是利用 Navisworks 与 CMMS、DMS 以及 BAS 之间的联系，通过点击一个链接，将用户引导到设施管理软件登入画面，允许使用者查看该链接的内容。这个门户允许执行查询来搜索特定系统，或设备特定的文件及信息。

由于 Navisworks Manage 是用来作冲突的检测，这是设计与施工模型间整合的一个要点。但它也可能适合用来整合施工与设施管理，熟悉 Navisworks 的承包商知道它有建立链接文件的能力，这可以增加它对设施管理的价值。不过，这个方法仍需接受许多挑战，为了进一步发展一个门户，定义了一系列的指导原则，包括：

a. 门户的主要目标是要能够链接现有的 FM 软件。

b. 不应该期望 BIM 取代现有的 FM 系统，而是整合与补强它们。

c. 实施的策略需要有足够的弹性，以应付未来建筑生命周期中建筑与系统的改变。

d. 应该找出尽可能使用 BIM 模型中可用的数据来填入现有 FM 软件的机会。

虽然第一阶段的门户从未付诸实施，但是它提供了一些重要的经验传达给第二阶段门户的发展。

②第二阶段门户。在第二阶段，一个新的门户是根据第一阶段的经验教训来发展，如几个使用案例的经验、技术伙伴的见解、团队成员的观察。一个关键的要求是门户的接口必须是简单与弹性的，如此它可以被各种不同的使用者来使用。此外，3D 模型不应该是主要的切入点。门户的好处应该包括：

a. 高层次的信息可以直接从门户中检视，而不是使用者需要从多个系统来查询它们。这样可以节省时间，因为想要的信息都可以在同一个屏幕依次来查看。

b. 没有必要熟悉多种 FM 软件包，只要熟悉门户就可以。

c. 透过一个树状网络，门户可以用来了解系统与设备之间的关系，拥有简单的模型图形导航与窗口控制，并提供一个整合版本的 FM 信息系统，以窗口的形式进入这些系统。这将使用户能够查询本身是驻留在门户外面（在 DMS、CMMS 与 BAS 中）的信息。

开发这样的门户是一个非常费时的工作，需花费大量的时间来决定哪些高层次的信息应该在系统间进行交换，以及如何建立门户与 FM 系统间必要的联系。导致这个门户成功的关键行径，是透过"使用案例"来定义其使用者的主要角色。

"使用案例"是通过书面的描述去形式化一个流程，这个流程是识别、定义与记录参与者之间交换的特定数据元素，来支持所描述的活动。"使用案例"常被软件开发者用于第二阶段，南加州大学的核心小组与他们的技术合作伙伴透过共享商业利益的方式，一起合作开发了多个"使用案例"。目的是通过南加州大学与这些技术合作伙伴间的实践应用，来决定目前南加州大学使用的软件如何能够满足发展中的 FM 与 BIM 的需求。

12.2.7 从工程获得的经验

（1）关键决策　使用 FM 与 BIM 需要能理解新的不断发展的工具。这意味着所有工程团队的成员需要学习新的技能，思考用新的途径来解决问题。在工程项目中，很多决策是工程是否能获得成功的关键，部分关键决策如下所述：

①从服务提供商的角度来看，最重要的决策是业主所定义的交付内容。有时，这些定义会过于含糊。如果发生这种情形，则由服务提供商主动去接洽设施团队的成员，征求他们最终的目标，并协助定义交付的内容。当设施团队是新接触到 BIM 的时候，这是特别重

要的。

②另一个关键的决策是，决定要使用哪一个 BIM 编辑工具。这是非常关键的，因为它会影响应用程序之间信息交流的成功，专业之间信息的协调，以及最终 FM 信息系统数据的转移。

③信息的格式与收集特定的信息都是关键的决策，这包括选择用来帮助收集与传达数据的机制（如 COBic）。因为 COBie 是一个开放的标准，允许透过各种工具（如简单的电子表格）来收集数据。

（2）经验教训　从本项目中，学到的经验教训是：信息的价值。相较于 3D 模型的价值，一开始就先想结果的重要性、设定目标的重要性，而不仅是更换现有流程与技术的重要性。

BIM-FM 最大的挑战是评估应该如何使用 BIM 的 3D 信息化的组件。南加州大学团队得出的结论，认为 BIM-FM 中最重要的部分是数据，而不是 3D 模型。具体来说，记录与提供可用于设施管理的高质量数据是最重要的。虽然精确的几何模型也很重要，但就数据来看它们是排在第二位的。

要认识到，必须使用新的技术与流程来实施 BIM、FM 的整合。用旧的方法来收集与使用数据将导致额外的费用与不良的结果。在某些情况下，可能需要新的工具。然而，不应该忽视现有的工具，如 CMMS 与 DMS。最后，要知道 BIM、FM 仍然是在起步阶段，正如一位团队成员所说的"我们仍在学习中"。

12.3　基于 BIM 的污水处理厂运维管理平台

12.3.1　工程概况

红沙污水处理厂位于三亚市红沙片区，总用地面积约 $35.38km^2$，其中建设用地面积 $30.5km^2$。服务范围为三亚市中心城区的 13 个片区，服务人口 37.91 万人。红沙污水处理二厂设计规模为 9.5 万 m^3/d，占地 2.95 公顷。考虑到污水处理厂用地面积较小，且周边为居民区，为节约用地，减轻对周围环境的影响，提高周围景观效果，红沙污水处理厂二厂设计为海南省首例半地下式花园式布局的市政大型污水处理厂，在全封闭的工程建筑之上建设绿化景观设施。

该项目是由天津市市政工程设计研究总院牵头的 EPC 项目。二厂采用"多模式 AAO+ 混凝沉淀池 + 精细格栅 + 纤维转盘滤池 + 接触消毒池"的生物脱氮除磷及深度处理工艺，出水水质达到国家一级 A 类排放标准，污水厂尾水经排海管输送至六道角排放。项目建成后，厂区将成为"底下过滤降解污水缓解环境压力，顶上花团锦簇树木葱茏"的集污水处理和健身休闲于一身的场所。

项目建设内容主要包括土建工程、工艺管道、设备仪表安装、电气及自控、道路及绿化等，总投资近 6 亿元。二厂建成后，将有效解决三亚市主城区 13 个片区的污水处理问题，提高节能减排功效。三亚整个城市的污水处理能力将得到大幅提升，综合处理能力可达到 44 万 m³/d。对保护海南省国际自贸港的良好生态环境，促进三亚市国家级精品城市建设起到了重要作用。

12.3.2　项目运维实施流程

该工程的运维管理单位三亚市污水处理公司，本身具备丰富的污水处理厂运维管理经验，深知运维阶段管理的重点难点，明了二维设计图纸在运维阶段使用过程中具有诸多不便。于是主动委托该项目的设计施工总承包单位天津市市政工程设计研究总院开发基于 BIM 技术应用的污水处理厂运维管理系统，并通过该平台的应用达到运维管理单位在日常运维过程中节约人力、物力，提高管理效率的目的。

项目实施的第一阶段是进行以项目运维管理为目的的建模工作。设计阶段的模型几何精度较低，信息深度明显无法满足项目运维要求。所以，组织专业的建模工程师进行 BIM 模型深化设计，是基于 BIM 技术应用运维管理平台的基础。此阶段最大的困难就是工作量大。因为是运维阶段的 BIM 应用，所以污水处理厂内各专业所有的管线、设备、仪表等全部构件都要进行建模，且模型信息深度都要达到零件级 LOD4.0 标准。大到厂区内道路、单体，小到水泵阀门等构件上的一个螺栓，均要进行完整的信息模型设计。同时，为确保 BIM 模型的准确性，项目组还安排建模工程师驻厂检查，保证模型既要完全符合项目竣工图，又要与厂内全部物件的构造和位置一致。

工程实施的第二阶段是进行运维管理平台的软件开发工作。天津市市政工程设计研究总院专门组建了软件工程师团队进行合作开发。本项目采用 Java 语言在基于 Unity3D 平台上进行开发和编程，使用 MySQL 数据库进行数据存储。开发过程中最困难的就是需要具有污水处理厂专业知识的项目设计人、具有项目运维经验的管理人员与软件工程师不停地就水厂独有特点和运维管理要求进行反复对接和反复修改。

工程实施的第三阶段就是该运维管理平台的现场安装调试和交付使用。在管理平台开发完成后，项目组派遣专业工程师到厂区进行现场工作指导，包括：软件安装、硬件调试、进行该运维管理平台与 PLC 等子系统的数据连接、协助搭建服务器、对水厂运维人员进行软件培训等。通过一站式的手把手服务，使得该基于 BIM 技术应用的水厂运维管理平台得以顺利落地实施。该运维系统主界面见图 12-6。

图 12-6　运维系统主界面

12.3.3　BIM 可视化运维管理平台的必要性

（1）协同管理，避免信息浪费　当前我国工程行业的 BIM 技术应用，已形成一线城市基本强制要求、二三线城市大力鼓励倡导的局面。作为大型市政工程的污水处理厂项目，在招投标和设计阶段的 BIM 应用日趋常态化，但这两个阶段的 BIM 模型往往因为几何精度不高和信息深度不细的原因，在工程建设中发挥的作用较小。而在污水处理厂的全生命周期中，运维阶段所占时间最长，投入也大。通过深化 BIM 模型设计，既可以避免工程前期项目信息的浪费，又真正实现了运维协同管理。

（2）提升效率，实现运维增值　运维阶段应用 BIM 技术，可以充分发挥 BIM 技术信息共享的特点。在传统的水厂运维管理过程中，运维单位既不是设计方又不是施工方，在日常运维过程中，往往存在运维人员既不知道设计意图，又不了解施工情况的现象。而应用 BIM 技术，发挥信息共享的优势，可以使水厂运维人员快速获取设计和施工阶段的完整工程信息，有效避免了运维人员两眼一抹黑、管理拍脑门的弊病，为水厂管理人员的科学决策提供了可靠依据，实现了工程运维增值。

（3）可视化运维管理平台的好处　相较于传统的污水处理厂运维管理系统，基于 BIM 技术应用的运维管理平台具有模型可视化的特点，彻底实现了水厂管理平台可视化。运维管理人员不仅可以直观地总览污水处理厂的日常运行流程，还可以通过点击模型查询相关信息、通过文字搜索快速获取想要的模型定位，极大地提高了运维管理工作效率。

同时，该系统还在 BIM 基础上进行 Unity3D 设计，优化了管理平台的可视化效果，并增添了飞行模式和地面浏览两个可视化功能。使水厂运维管理人员或业主等有关领导能以第一人物的视角在电脑屏幕上实现厂区内的走动和巡查。并通过功能区切换按钮，可以快速到想去的区域进行检查。

该运维管理系统在水厂正式使用后，几乎所有的水厂运维人员都表示："虽然是第一次接触 BIM 技术，但相较过去的运维管理，新的 BIM 运维管理平台能够在一个单独的 3D 模型空间内同时检视设备仪表、电气自控、工业管道等多个专业、多个系统，包括各个系统之间的相互位置关系。这对于水厂的日常运维工作极为重要。"其分层浏览及可视化效果见图 12-7。

图 12-7 分层浏览及可视化效果

12.3.4 BIM 可视化运维管理平台功能简介

12.3.4.1 设施管理功能

污水处理厂作为大型市政工程项目，其特点就是厂区内设备众多、管线繁杂。建筑内MEP（工艺、通风、电气、消防等）管线多层交错布置，施工及安装工艺复杂，日常保养和维修难度大、精度高。应用 BIM 技术执行冲突检测时，可以看到模型所包含的全部信息，为运维人员的管理决策提供重要依据。

该运维管理平台可以通过搜索功能快速查找到运维人员想要获取的某个设施信息，包括：定位设备具体位置、读取设备基本信息、维修次数、使用时间、保养情况以及当前运行状况等。还能够通过后台数据库更新，实现备品备件、设备材料等物料不足时的系统信息提醒功能和补货逐级审批手续，大幅提高了设施运维管控效率。

从三亚市红沙污水处理厂二厂所涉及的十几家不同专业的供应商反馈来看，这个基于BIM技术应用的运维管理系统非常有用，为供应商厂家们进行设备安装调试、按时补货、定期保养和及时维修带来了极大的帮助。此举既提升了水厂运维管理效率，又给各家设施供应商提供了便利。真正意义上实现了污水处理厂运维阶段管理单位和设备厂商（各参与方）之间的互惠共赢。设施管理模块中的保养计划子项见 12-8。

图 12-8　设施管理模块中的保养计划子项

12.3.4.2　安全管理功能

根据《中华人民共和国安全生产法》"安全第一、预防为主、综合治理"的安全生产方针，该运维管理平台应用 BIM 技术并结合物联网技术，对污水处理厂的日常工作运行进行全面而专业的安全管理。

该运维管理平台针对污水处理厂的工艺特点设有空气检测安全模块。在关键生产区域通过设置高性能传感器，时刻采集有毒有害气体含量、氧气浓度等空气指标，一旦监测到某一项数据达到数据库设置的危险值，平台会立刻进行环境异常报警并定位，为险情处理抢抓时间，确保水厂运维人员的人身安全，如图 12-9 所示。

该运维管理平台还利用 BIM 模型的三维定位、信息共享等特点，设置了厂区内危险源管控、设备异常报警、消防安全管理等多个安全管理模块。一旦触发某种报警情况，系统立刻自动定位。后台数据库则会根据具体的报警原因，主动提供相对应的安全应急预案和救援措施，为日常运维管理人员提供专业科学的事故处理依据，有效保障了污水处理厂的安全运行，如图 12-10 所示。

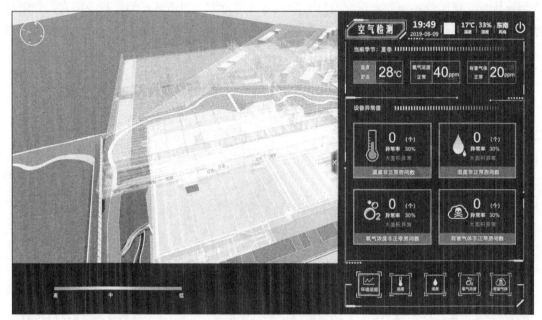

图 12-9　空气检测模块

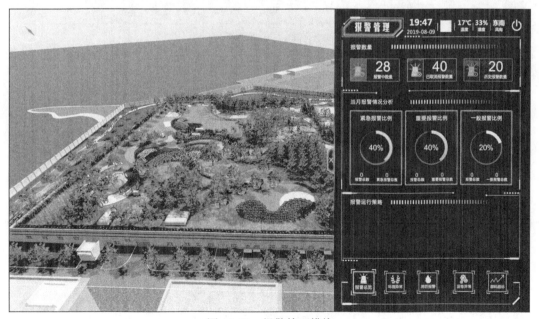

图 12-10　报警管理模块

12.3.4.3　兼具多种污水处理厂特有运维管理需求的功能

作为国内首个基于 BIM 技术应用的污水处理厂运维管理平台，在平台建设过程中，开发团队与多个污水处理厂厂长、多位水厂运维方面的专家进行了大量的需求调研。所以该运维管理平台除了兼容传统的 PLC 自控系统、智能照明系统、视频监控系统、供电管理系统等多个子系统外，还结合污水处理厂自身特有的实际运维特点，直击水厂运维行业痛点，创造性地开发了工艺流程模拟（图 12-11）、能耗电耗、药品消耗（图 12-12）等多个水厂运维管理过程中最务实的功能模块。

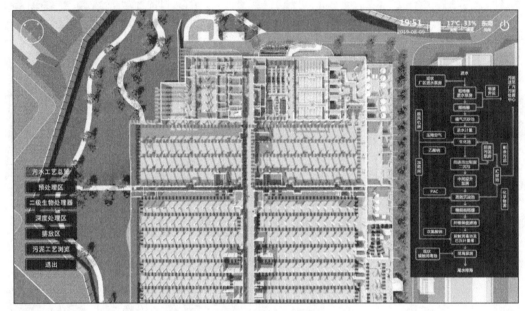

图 12-11　工艺流程模拟

图 12-12　药品能耗管理模块

该运维管理平台基于 BIM 模型，按功能区和单体分别对每个空间和阶段的污水处理进行工艺模拟，实现了整体水处理工艺流程的分区运维管控，并结合物联网技术，通过对水厂进水水质和出水质量的定时读取，确保污水处理效果。同时，该系统针对性地设置了水厂每周每月的能源和药品消耗量监测，监测数据反馈到后台数据库并形成统计图表；通过计算得到单位电耗、药耗等数据记录表和变化曲线，为运维管理单位分析水厂单位消耗量、优化水厂运维成本提供了重要的决策依据。

12.3.5　实践总结与展望

作为我国首个基于 BIM 技术应用的污水处理厂运维管理平台，如今已经在三亚市红沙污水处理厂二厂投入使用。通过该运维管理平台实际使用情况的反馈，还有以下几方面问题需要继续改进：

① BIM 模型信息在数据轻量化方面还需要进行软件技术上的优化；

②运维平台还需要对不同层级的管理人员进行权限分类，以确保运维管理过程中各项报批手续流程的合规性，提高事件响应的及时性和运维管理效率；

③在 PC 端应用的基础上还要进行手机移动端的运维管理平台开发，以实现各级领导能在污水处理厂外实现对水厂内各项生产运行工作的全面了解和把控，提高运维管理效率。

目前，基于 BIM 技术应用的运维管理平台在红沙污水处理厂二厂项目上的应用反响较好，并得到了海南省水务系统的支持和推广。随着该运维管理平台各项功能的不断完善，随着 BIM 行业的快速发展，未来基于 BIM 技术应用的运维管理平台将有机会在全国污水处理厂范围内得到推广和应用。

第 13 章

现代设施管理变革

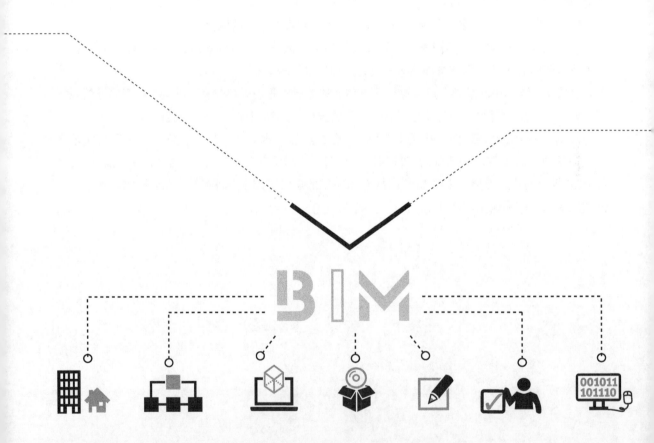

13.1 传统设施管理

对于大多数的设施，当考虑那些有效维护与操作所需要大量信息文件时，很显然，找到高效的方法来收集、存取与更新这些信息是非常重要的。大多数现有的建筑，这样的信息是通过纸质文件储存（图 13-1），如建筑师与工程师的图纸、各种类型设备的设备文件夹以及维修记录的档案夹等。

图 13-1　纸质图纸文件

这些文件通常是按照合约业主所要求的，在建筑物已经开始使用后才移交，通常是在竣工好几个月之后，存放在一些很难进入的地下室办公室里，过多的时间花在寻找与查证以前特定设施与工程的信息。例如，没有例行提供竣工图（包括施工与维护操作）以及没有更正相关的图纸变更。同样的，设施状况、维修零件状态、某个工程合约、财务状况等数据都很难找到与维护。

对于决定使用计算机化维护管理系统（CMMS）的业主来说，有必要将设备与其他建筑的信息转换成数字的档案。通常，在时间容许下是透过 FM 人员以人工的方式来完成。在大量时间录入后，才能有效使用这套系统。一直要等到系统已经拥有所需的数据，且这些数据的精确性与完整性是经过检查的。使用计算机辅助设施管理（CAFM）系统也有类似的情形，在这些系统中输入、验证与更新信息都需要金钱与时间。

13.2 基于 BIM 的设施管理

（1）BIM 应用　前述问题的简短答案为：想办法去整合设施生命周期所有的数据系统。

支持生命周期某个阶段所需的数据只需输入一次，其详细程度与精确度以当时能获得数据程度来定。之后，根据需要以适当的详细程度来添加额外的信息。当建筑验收完成时，运维所需的数据必须是以精确与有用的形式来供使用。

建筑信息模型（BIM）集成了从设计、建设施工、运维直至使用周期终结的全生命期内各种相关信息，包含勘察设计信息、规划条件信息、招投标和采购信息、建筑物几何信息、结构尺寸和受力信息、管道布置信息、建筑材料与构造信息等，将规划、设计、施工、运维等各阶段包含项目信息、模型信息和构件参数信息的数据，全部集中于 BIM 数据库中，为 CMMS、CAFM、EDMS、EMS 以及 BAS 等常用运维管理系统提供信息数据，使得信息相互独立的各个系统达到资源共享和业务协同。

（2）BIM 与 FM 整合　BIM 与 FM 整合的一个关键好处是，对于空间、设备类型、系统、装修、区域等的关键数据可以从 BIM 中获得，而不需要重新输入到下游的 FM 系统。BIM 与 FM 整合的方法为，可以从 BIM 模型中抽取 COBie 档案，然后汇入到 CMMS 系统中。这就避免了数据输入的成本，并产生较高质量的数据。接下来，当一个详细的施工模型被用来记录竣工的状况时，把设备组件、风管系统、水管系统、电气系统等额外的信息加到模型中。这些数据也可以纳入到 CMMS 系统中，可以经由 COBie 的汇入，或是通过与 BIM 直接整合。最后，当设备安装完成，设备的序列号可以被记录下来，并输入到 COBie 数据中。其结果是，当建筑验收完成时能有一个完整的 FM 系统来使用。

例如，在调试、预防和故障检修时，运维管理人员经常需要定位建筑构件（包括设备、材料和装饰等）在空间中的位置，并同时查询到其检修所需要的相关信息。在传统运维管理中，现场运维管理人员依赖纸质蓝图或者其实践经验、直觉和辨别力来确定空调系统、电力、煤气以及水管等建筑设备的位置。这些设备一般在天花板之上、墙壁里面或者地板下面等看不到的位置。从维修工程师和设备管理者的角度来看，设备的定位工作是重复的、耗费时间和劳动力的、低效的任务。在紧急情况下或外包运维管理公司接手运维管理时，或者在没有运维人员在场并替换或删除设备时，定位工作变得尤其重要。运用竣工三维 BIM 模型则可以确定机电、暖通、给排水和强弱电等建筑设施设备在建筑物中的位置，使得运维现场定位管理成为可能，同时能够传送或显示运维管理的相关内容。

13.3　基于 BIM 的设施管理优势

一个能够提供精确与完整信息的整合系统，可以带来非常显著的成本效益，其中包括：

①当需要信息时（无论是在办公室还是设施现场），由于可取得更好的信息，便不需要靠 FM 人员花时间去找图纸、设备文件以及其他纸张记录的数据，因此能够提高工作效率。

②由于提升了维修数据，得以支持更好的预防性维护计划与流程。当建筑机械设备得到

适当的维修与保养，其运作将更有效率，因此降低了水电（能源与水）的成本。

③减少因设备故障造成需要紧急维修与影响到承租人。

④改善零件与耗材的库存管理，可更好地去追踪资产与设备的历史。

⑤加强使用 PM（预防性维护）而不是靠故障维修来延长设备的寿命。如此可以减少设备更换的费用，正如适当的汽车保养可以延长车子的寿命，并提供更可靠的服务。

以上这些好处都有助于降低设施的总成本，并提供更好的客户服务。建筑在生命周期中会不断地改变，空间会被用于不同的功能、设备的更换、系统的修改等。当这些改变发生时，如果 BIM-FM 系统能够实时更新，它们可以作为建筑最新状况的精准记录，管理人员将不再需要在图中与其他文件中到处寻找，或打破墙壁及天花板来确定实际的状况。FM 人员在设施状况改变时便立即更新信息，将能得到更好的规划数据，并做出更好的决策。翻新工程会因为承包商原本在工程投标时不确定因素的减少成本也跟着降低。因此，对 BIM 与 FM 整合所做的投资，可以在整个设施生命周期中得到回报。

参考文献

［1］ 李霞，贺澄君. 物业智能化及信息化管理系统［M］. 北京：石油工业出版社，2012.

［2］ 余雷，张建忠，蒋凤昌，等. BIM在医院建筑全生命周期中的应用［M］. 上海：同济大学出版社，2017.

［3］ 徐照，徐春社，袁竞峰，等. BIM技术与现代化建筑运维管理［M］. 南京：东南大学出版社，2018.

［4］ 郑展鹏，窦强，陈伟伟，等. 数字化运维［M］. 北京：中国建筑工业出版社，2019.

［5］ 《企业房地产与设施管理指南》编委会. 企业房地产与设施管理指南［M］. 上海：同济大学出版社，2018.

［6］ 金伟强. 基于BIM模型的空间与设施管理研究［D］. 长春：吉林建筑大学，2016.

［7］ 过俊，张颖. 基于BIM的建筑空间与设备运维管理系统研究［J］. 土木建筑工程信息技术，2013，5（3）：41-49.

［8］ 温伯银.《智能建筑设计标准》实施要点［J］. 建筑电气，2001，20（4）：33-39.

［9］ 日本建筑学会. 建筑环境管理［M］. 余晓潮，译. 北京：中国电力出版社，2009.

［10］ 科茨. 设施管理手册：超越物业管理［M］. 北京：中信出版社，2001.

［11］ 余芳强. 基于BIM的医院建筑智慧运维管理技术［J］. 中国医院建筑与装备，2019（01）：83-86.

［12］ 胡振中，陈祥祥，王亮，等. 基于BIM的机电设备智能管理系统［J］. 土木建筑工程信息技术，2013，5（1）：17-21.

［13］ 杨青. 精益价值管理［M］. 北京：科学出版社，2009.

［14］ 汪再军. BIM技术在建筑运维管理中的应用［J］. 建筑经济，2013，9（42）：94-97.

［15］ 曹吉鸣，缪莉莉. 设施管理概论［M］. 北京：中国建筑工业出版社，2011.

［16］ 李建成. BIM应用·导论［M］. 上海：同济大学出版社，2015.

［17］ 郭宗逵，姚胜，高荣. 物业管理［M］. 南京：东南大学出版社，2015.

［18］ 王青兰，齐坚，顾志敏. 物业管理理论与实务［M］. 北京：高等教育出版社，2006.